单立柱日光
温室内景

在草帘上加
盖浮膜保温

日光温室阳光灯

U0229844

棚膜面上拴一些清
尘布条，布条随风
左右摆动，自动清
除棚膜上的灰尘

1

温室前裙膜卷起后覆盖防虫网　　　日光温室通风天窗安装 25 ～ 40 目的防虫网

赛佳丽丝瓜　　　　寿光中绿丝瓜　　　　寿光黄皮丝瓜

五叶香丝瓜

三喜丝瓜　　　　　济南棱丝瓜　　　　　寿研特丰一号

丝瓜穴盘育苗

寿研特丰二号

丝瓜嫁接育苗

3

丝瓜地膜覆盖栽培

丝瓜吊蔓密植栽培

摘除卷须

丝瓜打头

4

丝瓜单蔓整枝

丝瓜花对花授粉

坐瓜灵蘸丝瓜花

果实套袋

丝瓜白粉病

5

丝瓜灰霉病

丝瓜霜霉病

丝瓜疫病（果实）

丝瓜病毒病

6

丝瓜蓟马危害

丝瓜美洲斑
潜蝇危害

茶黄螨危
害丝瓜花

丝瓜缺钾症

7

丝瓜缺镁症

丝瓜缺钙症

丝瓜缺硼症

丝瓜雄花多雌花少

寿光菜农科学种菜丛书

寿光菜农日光温室丝瓜高效栽培

编著者

马光瑞　胡永军　吕从海

金盾出版社

内 容 提 要

本书由山东省寿光市农业局马光瑞高级农艺师等编著。内容包括日光温室的设计与建造、丝瓜新优品种选择、日光温室丝瓜育苗技术、多茬次栽培技术、土壤障碍控防技术、肥水管理技术、栽培管理经验与新技术、病虫害防治技术等8章。该书贴近蔬菜生产实际，突出科学性、实用性和可操作性，内容新颖，文字通俗易懂，适合广大农民、蔬菜专业户、蔬菜基地生产者和基层农业技术人员阅读，亦可供农业院校相关专业师生参考。

图书在版编目(CIP)数据

寿光菜农日光温室丝瓜高效栽培/马光瑞，胡永军，吕从海编著. -- 北京 ：金盾出版社，2010.12
（寿光菜农科学种菜丛书）
ISBN 978-7-5082-6708-1

Ⅰ.①寿… Ⅱ.①马…②胡…③吕… Ⅲ.①丝瓜—温室栽培 Ⅳ.①S626.5

中国版本图书馆 CIP 数据核字(2010)第 210119 号

金盾出版社出版、总发行
北京太平路5号(地铁万寿路站往南)
邮政编码:100036 电话:68214039 83219215
传真:68276683 网址:www. jdcbs. cn
封面印刷:北京凌奇印刷有限责任公司
彩页正文印刷:北京印刷一厂
装订:兴浩装订厂
各地新华书店经销
开本:850×1168 1/32 印张:7 彩页:8 字数:157千字
2010 年 12 月第 1 版第 1 次印刷
印数:1～8 000 册 定价:12.00 元

前　言

　　山东省寿光市农民种菜虽然有着较悠久的传统,但真正以种植蔬菜闻名全国则是在 20 世纪 80 年代中期。20 世纪 80 年代初,寿光市三元朱村农民在党支部书记、全国优秀共产党员、2009 年被评为"感动中国人物"之一的王乐义同志的带领下,率先试验成功了冬暖式大棚(日光温室)蔬菜生产,从而推动了一场遍及全省乃至全国的"绿色革命"。继而寿光市成为中国最大的蔬菜生产基地,光荣地被国家命名为惟一的"中国蔬菜之乡"。全市蔬菜常年种植面积达到 5.33 万公顷(80 万亩),总产量达到 40 亿千克,其中日光温室蔬菜面积达到 2.67 万公顷(40 万亩)。寿光市种植蔬菜收入超过当地农业收入的 70%。

　　寿光市蔬菜生产发展的经验可以总结出许多条,但最根本的经验是依靠科学技术种菜。寿光菜农重视学习蔬菜种植技术,重视总结经验,不断探索和提高蔬菜种植技术水平,因而能不断提高种植效益。特别是近几年,涌现出了不少新典型,摸索和创造出不少新的技术。在寿光市蔬菜生产发展的新形势下,金盾出版社邀请我们围绕"科学种菜"这个主旨,编写一套寿光农民深入开展科学种菜的丛书。为此,我们在市有关部门的支持下,组织市农业局部分农技人员和乡镇一线农业技术人员深入田间地头和农户家中,了解、收集和总结近年来菜农在蔬菜生产中遇到的疑难问题、新的栽培技术和经验以及新的栽培模式,编写了寿光菜农科学种菜丛书。丛书分为《寿光菜农日光温室番茄高效栽培》、《寿光菜农日光温室茄子高效栽培》、《寿光菜农日光温室辣椒高效栽培》、《寿光菜农日光温室黄瓜高效栽培》、《寿光菜农日光温室苦瓜高效栽培》、《寿光菜农日光温室丝瓜高效栽培》、《寿光菜农日光温室冬瓜高效栽培》、《寿光菜农日光温室西葫芦高效栽培》、《寿光菜农日光温室西瓜高效栽培》、《寿光菜农日光温室菜豆高效栽培》10个分册。丛书力求反映寿光菜农最新种菜技术和经验,力求贴近生产,深入浅出,重视实用性和可操作性;在语言表述上力求简明扼要,通俗易懂。

最后,需要特别说明的是,我们不揣冒昧,在丛书中向广大读者介绍了寿光菜农独创的一些"拿手技术",虽然这些技术与传统专业书中介绍的有不同之处,但是有它合理和实用的一面,对农民朋友种植蔬菜或许将起到交流、启发和借鉴作用。同时,我们期待将这些体会和做法在生产实践中不断验证、提炼和完善,不断上升到科学的高度。

由于编者水平所限,书中疏漏、不妥之处甚至错误之处在所难免,敬请专家和广大读者批评指正。

丛书编委会

2010 年 9 月

目　录

第一章　日光温室的设计与建造

一、日光温室的设计与建造原则

(一)建造日光温室要因地制宜

寿光的日光温室是根据寿光地理气候的自然条件建立并根据实际情况不断改进和完善的一种模式。有些地区不分地域模仿寿光的模式建造日光温室,是造成日光温室采光性、保温性与实种面积不协调,使蔬菜生产陷入困境的重要原因。

各地建造日光温室时,要根据当地经纬度和气候条件,对日光温室的高度、跨度以及墙体厚度等做好调整,以适应当地条件。如东北地区建造的日光温室如果与山东省寿光市一样,那么日光温室内的采光性和保温性将大为不足;而南方地区的日光温室建造如果与寿光一样,则日光温室的实种面积将受到限制。因此,建造日光温室要根据寿光的经验做到因地制宜。

1. 正确调整日光温室棚面形状和日光温室宽与高的比例　日光温室棚面形状及日光温室棚面角是影响日光温室日进光量和升温效果的主要因素,在进行日光温室建造时,必须从当地实际条件出发,合理选择设计方案。在各种日光温室棚面形状中,以圆弧形采光效果最为理想。

日光温室棚面角,指日光温室透光面与地平面之间的夹角。当太阳光透过棚膜进入日光温室时,一部分光能转化为热能被棚架和棚膜吸收(约占 10%),部分被棚膜反射掉,其余部分则透过棚膜进入日光温室。棚膜的反射率越小,透过棚膜进入日光温室的太阳光就越多,升温效果也就越好。最理想的效果是:太阳垂直照射到日光温室棚面,入射角是零,反射角也是零,透过的光照强度最大。简单地说,要使采光、升温与种植面积较好地结合起来,日光温室宽和高的比例就要合适。不同地区合适的日光温室高与宽的比例是不同的。经过试验和测算,日光温室宽与高的比值可以用下面的公式来计算:

日光温室宽:高＝ctg 理想日光温室棚面角

理想日光温室棚面角＝56°－冬至正午时的太阳高度角

冬至正午时的太阳高度角＝90°－(当地地理纬度－冬至时的赤纬度)

例如,山东省寿光市在北纬 36°～37°,冬至时的赤纬度约为23.5°(从数学角度看,北半球冬至时的赤纬度应视作负值),所以寿光地区合理的日光温室宽:高,按以上公式计算为 2～2.1:1。河北中南部、山西、陕西北部、宁夏南部等地纬度与寿光市相差不大,日光温室宽:高基本在 2～2.1:1 左右。江苏北部、安徽北部、河南、陕西南部等地,纬度较低,多在北纬 34°～36°,冬至时的太阳高度角大,理想日光温室棚面角就小,日光温室宽:高也就大一些,为 2.2～2.4:1。而在北京、辽宁、内蒙古等省(直辖市、自治区),纬度较高,在北纬 40°地区,日光温室宽:高也就小一些,为 1.8～1.9:1。建造日光温室要根据当地的纬度灵活调整。

2. 确定合适的墙体厚度　墙体厚度的确定主要取决于当地的最大冻土层厚度,以最大冻土层厚度加上 0.5 米即可。如山东省最大冻土层厚度为 0.3～0.5 米,墙体厚度 0.8～1 米即可。辽宁、北京、宁夏等地的最大冻土层厚度甚至达到 1 米,墙体厚度需适当加厚 0.3～0.6 米,应达 1.3～2 米。江苏北部、安徽北部、河南等地,最大冻土层厚度低于 0.3 米,墙体厚度在 0.6～0.8 米即可满足要求。如果墙体厚度薄了,保温性差;厚了,则浪费土地和建日光温室的资金。

在寿光市大跨度半地下日光温室开发设计中,为增加保温贮热能力和便于建设施工。墙体一般基部为 3.5 米以上,顶部在 1.5 米左右,墙体内侧基本砌成与栽培床面垂直的墙面,外侧呈斜坡,由于建墙大量的用土来自于栽培床面,使床面挖深达 100 厘米左右。通过几年实践证明,由于墙体的加厚,贮热能力加大,墙体的增高,使温室前坡面采光角度增大,增温效果显著,并且通过下挖充分利用了地温,在冬季比非地下温室温度增高 3℃～5℃,蔬菜在外界－27℃的严寒地带照常生长良好。

3. 确定合适的日光温室间距　日光温室建造的方位应坐北面南,东西延长,这样日光温室内光照分布均匀。两个日光温室之间如距离过大,则浪费土地;过近,则影响日光温室光照和通风效果,并且固定日光温室棚膜等作业也不方便。

理论上,前、后两个温室之间的距离应为多少米,前面的温室才不会遮到后面的温室,是由前面温室的高度和当地冬至时太阳高度角所决定的。冬至时太阳高度角最小,同样的墙体对后面的地块遮荫最多,所以应以当地冬至时太阳高度角来计算。

以寿光市为例,冬至时太阳高度角为 29.5°,其余切值就是 1.762。它表示前排温室最高点的地面投影到后排温室最前端的距离与前排温室最高点的高度加草苫直径的和的比值为 1.762。所以两个温室之间不遮荫的最小距离＝(前排温室最高点的高度＋草苫的直径)×1.762－前排温室最高点的地面投影到北墙体外缘的距离。

举例说明,假如前排温室的最高点高度为 5 米,所用草苫直径是 1 米。前排温室最高点的地面投影到北墙体外缘的距离为 6 米。那么建温室时两温室间不遮荫的最小距离就是(5＋1)×1.762－6＝4.572 米。

在实际应用中,前排温室墙体后缘到后排温室前缘的合适距离为不遮荫最小距离加一个修正值 K,K 的具体大小可根据情况自定,K值大,后排温室光照好,但土地利用率低,K值小,土地利用率高,但后排温室光照相对较差。在山东、河北等省K值通常为1.2～1.6米,前排温室墙体后缘到后排温室前缘的合适距离为5.8～6.2米。

(二)设计和建造日光温室需要注意的问题

在设计日光温室时,必须依据地理纬度、气候条件、场地面积、地形等自然情况,处理好日光温室的总体尺寸关系,使总体尺寸关系处于适宜范围,才能使日光温室具有采光性强、保温性好、节能和经济实用的独特优点。高度、跨度、长度配合得当,则采光角度和前后坡水平宽度比例适当,采光增温和贮热保温性能都好,日光温室内范围也得当,既能减轻山墙遮阳成荫影响,也易于控制调节日光温室温度,又有利于作物生长发育和便于人们对作物栽培管理。

老式的"低档日光温室"棚体过矮,过窄,过小,不便于操作,再加上空气湿度大,菜农长期于日光温室内劳动作业,容易患"日光温室综合征"(主要症状是腰、腿痛和肩背不舒服)。20世纪80年代的日光温室大都是高3米,跨度为8米,长为50～60米的泥坯墙体,这种日光温室低矮、空间小,二氧化碳变化大,夜间饱和,白天上午11时以后就会缺乏,导致昼夜温差过大,空气湿度大,冬季丝瓜生产容易发病。

但日光温室过长,也有缺点:一是日光温室过长、过宽,面积越大,温度升得慢,降得也慢,昼夜温差过小,营养消耗大,不利于丝瓜增产;二是日光温室过长,有的东西山墙相隔半里路,采摘运输丝瓜时极不方便。

建日光温室的标准不仅要了解地理纬度,还需要了解当地土层厚度等条件。如半地下日光温室只适于土层深厚、地势高燥、地下水位较深的地区,而对于土层薄、或地势低洼、或地下水位浅的低纬度地区(如安徽、江苏淮阴),则不适宜建造。

寿光市日光温室适宜跨度为 9～12 米,墙体厚度为 1.5～4 米,日光温室内走道(水沟)50～70 厘米。不同纬度的地区后墙高度也不一样。可根据日光温室棚体特点采取改进措施:一是采用适宜的日光温室棚面角度。采光由日光温室棚面角度和透光率决定,日光温室棚面角度越大,透光率越高,升温越快;二是选用优质农膜;三是增前坡,缩后坡。如脊高 3 米的日光温室,跨度以 8 米为宜,其中前坡水平宽度以 6 米左右为宜;四是改变日光温室不适当的朝向;五是对于棚体过大过长的日光温室,可于其长度中间设一道内山墙,或用棚膜将其一分为二隔开,这样一来提温快,二来便于操作。

(三)日光温室选址应遵循的原则

日光温室选址要遵循以下原则。

①选地势开阔、平坦,或朝阳缓坡的地方建造日光温室,这样的地方采光好,地温高,浇水方便、均匀。②不应在风口上建造日光温室,以减少热量损失和风对日光温室的破坏。③不能在窝风处建造日光温室,窝风的地方应先打通通风道后再建日光温室,否则,由于通风不良,会导致作物病害严重;同时,冬季积雪过多,对日光温室也有破坏作用。④建造日光温室以沙质壤土为最好,这样的土质地温高,有利于作物根系的生长。如果土质过黏,应加入适量的河沙,并多施有机肥料加以改良。如土壤碱性过大,建造日光温室前必须施酸性肥料加以改良,才能建造日光温室。⑤低洼内涝的地块不能建造日光温室,必须先挖排水沟后再建日光温室;地下水位太高,容易返浆的地块,必须多垫土,加高地面后才能建造日光温室,否则,地温低,土壤水分过多,不利于作物根系生长。⑥建造日光温室的地点水源要充足,交通方便,有供电设备,以便于温室的管理和产品运输。

二、寿光日光温室的结构设计与建造

就骨架材料而言,目前寿光推广的日光温室分为标准型和普通型两种。标准型为单立柱钢筋骨架结构,前坡采用钢管钢筋拱架,无前立柱和中立柱,只有后立柱,后立柱多为钢管。普通型为多立柱钢木混合结构,内设6~7排水泥立柱,采用镀锌管作拱梁,竹竿作拱杆。就跨度而言,寿光日光温室有9.5米、10.2米、11.0米、11.4米、12.1米多种形式;就立柱而言,寿光日光温室分为单立柱结构、六立柱结构、七立柱结构等3种结构。目前,寿光市推广面积最大的日光温室棚型主要有六立柱114型日光温室、七立柱121型日光温室、单立柱110型日光温室3种。

(一)六立柱114型日光温室

1. 结构参数

①温室下挖1米,总宽15.4米,后墙外墙高3.4米,山墙外墙顶高4.7米,墙下体厚4米,墙上体厚1.5米,走道加水渠宽0.6米,种植区宽10.8米。结构为土压墙体,钢筋竹竿混合式拱架。

②立柱6排,一排立柱(后墙立柱)长6.1米,地上高5.3米,至二排立柱距离1米。二排立柱长6.3米,地上高5.5米,至三排立柱距离2米。三排立柱长6.1米,地上高5.3米,至四排立柱距离2.6米。四排立柱长5.3米,地上高4.5米,至五排立柱距离2.8米。五排立柱长4米,地上高3.2米,至六排立柱距离3米。六排立柱(前立柱)长1.8米,地上高1米。

③采光屋面平均角度为23.1°左右,后屋面仰角45°。前立柱与第五排立柱之间、第五排立柱与第四排立柱之间和第四排立柱与第三排立柱之间的平均切线角度,分别为36.3°、24.9°和17.1°左右。

2. 剖面结构图 见图 1-1。

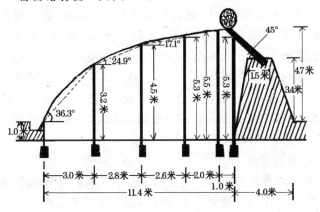

图1-1 六立柱114型日光温室结构图示

3. 建 造

(1)建造墙体 采用推土机和挖掘机相配合的方法建造墙体。将20厘米深的熟化土层(阳土)推向棚址南侧,待墙体建完后,整平温室地面后阳土再回棚。建墙体的关键是土壤的湿度和墙体的上土厚度。如果打墙前土壤湿度较小,在动工前5～7天围埝30～40厘米,浇足水,以确保建墙质量。每层的上土厚度是保证墙体质量重要的保障措施,在土壤湿度合适的情况下,地平面以上墙体高度为3.4米,一般需要8～10层土,每层土都要反复碾压,碾压一层用挖掘机再放一层土。如此反复,一直把墙体碾压到要求的高度。

把反复压实的墙体雏形用推土机将上口推平,后墙体外墙高度为3.4米。沿墙内侧先画好线,用挖掘机切去多余的土,随切随平整地面。墙体后坡形成自然坡。墙体建成后,墙基高4米,上口宽1.5米。东、西山墙也按相同方法砌好,两山墙顶部靠近后墙中心向南2.4米处再起高1.3米,建成山墙山顶。山顶向南0.6米、

2.6 米、5.2 米、8 米处高度分别为 4.5 米、4.3 米、3.5 米、2.2 米，使山顶以南呈拱形面。砌完后形成半地下式温室，温室地面低于地平面 1 米，反复整平温室地面后，阳土回棚。温室前约 3 米长的地面也要推平，低于地平面 60 厘米，高于温室地平面 40 厘米。

墙体内侧的多余墙土要切齐，为使墙体牢固，内侧墙面与地面要有一个倾斜角，一般轻壤土为 80°较为适宜，砂壤土可掌握在 75°～80°。温室地平面用旋耕犁旋耕 1～2 次后整平、整细。后墙的外侧采用自然坡形式，坡面要整平。

(2)埋设立柱

第一步：规划布线。以日光温室内 100 米长为例，按照 3.5 米为一间，地块中间可规划出 28 大间，温室东西两端剩下各 1 米的两小间。按照此规划，分别用卷尺测量出每一间的具体位置，而后南北向进行布线。

第二步：定"标尺"。"标尺"是指用于其他立柱埋设时参照的标准立柱。一般是以温室东西两端的立柱作为"标尺"。以寿光市建造温室为例，温室后墙内高 4.4 米，选用的各排立柱高度分别为：第一排加重立柱 6.1 米（偏北斜 5°）、第二排加重立柱 6.3 米（直立）、第三排立柱 6.1 米（偏南斜 3°）、第四排立柱 5.3 米（偏南斜 5°）、第五排立柱 4 米（偏南斜 5°）。在选好立柱之后，再根据布线图，分别把温室东西两端的两列立柱埋设好即可。立柱的下埋深度均为 80 厘米。

第三步：分次埋柱。以温室东西两端的"标尺"为准，按照由外到内的顺序依次埋柱。其方法是：埋设第一排立柱时，先将用于第一排的立柱，从其上端往下测量并标记出 3 米的位置。然后，在"标尺"立柱（从其上端往下）3 米处东西向拉一条标线，立柱埋设后，标线要与立柱的 3 米标记处重合。按照此方法，再埋设第二排立柱，最后，埋设其他各排立柱。

(3)处理后坡　要抓好以下 5 个要点。

要点一：埋设后砌柱。在整平温室后墙顶部后，东西向拉线，分别确定后砌柱的埋设点。先将温室内后墙根处的第一排立柱埋设好，而后分别再把温室东端和西端的两根后砌柱（每根长2米）摆放在第一排立柱之上，并稍加固定，待确定好其与水平线的夹角后，再把后砌柱埋设好，并用铁丝将其与第一排立柱相连接。然后，在埋设好的两根立柱下方按东西向拉1条工程线，以作参照。其余后砌柱便按照同样的方法，依次埋设好即可。后砌柱的一端要伸出第一排立柱约40厘米，以备安装温室骨架。后砌柱的另一端埋入墙内约20厘米。

要点二：铺拉钢丝。首先在温室一端的底部埋设地锚，然后拴系好钢丝，将其横放在后砌柱之上，并每间隔1根后砌柱捆绑1次，最后将钢丝的另一端用紧线机固定牢。钢丝间距10~15厘米。

要点三：覆盖保温、防水材料。第一步，选一宽为5~6米、与温室同长的塑料薄膜，一边先用土压盖在距离后墙边缘20厘米处，而后再将其覆盖在"后屋面"的钢丝温室棚面上。温室棚面顶部可再东西向拉一条钢丝，固定塑料薄膜的中间部分。第二步，把事先准备好的草苫或苇箔等保温材料（1.8米宽）依次加盖其上，注意保温材料的下边缘要在塑料薄膜之上。第三步，为防雨雪浸湿保温材料，需再把塑料薄膜剩余部分"回折"到草苫和毛毡之上。

要点四：上土。从温室一端开始，使用挖掘机从温室后取土，然后将土一点点地堆砌在"后屋面"上，每加盖30厘米厚的土层，可用铁锹等工具稍加拍实。另外，要特别注意上土的高度，以不超过温室屋顶为宜，且要南高北低。

要点五："护坡"。在平整好"后屋面"土层后，最好使用一整幅塑料薄膜覆盖后墙。在温室屋顶和后墙根两处东西向各拉一根钢丝将其固定。

（4）处理前坡

①建造前坡面　在两山墙前坡上各放置两排直径为6厘米左

右的木棒作垫木,并填草泥使木棒埋入山墙内。

②架置横杆和拱杆 在前斜立柱上端槽口处顺东西方向依次绑好横杆,横杆是直径 5 厘米的钢管。同时绑好南北坡向的拱杆,拱杆是用长 14.5 米左右、直径 5 厘米的钢管。拱杆应呈拱形,并紧紧嵌入各排立柱顶端的槽口中,用 12 号铁丝穿过立柱槽口下边备制孔,把拱杆绑牢固。拱杆与横杆衔接处要整平整,并用废旧塑料薄膜或布条缠起来,以防扎坏棚膜。绑好后的所有拱杆必须保持在同一拱面上。

③上前坡钢丝 钢丝在拱杆上间隔 30 厘米均匀分布,并拉紧固定在两山墙外边的地锚备接铁丝上。最靠近温室屋顶部的一根钢丝与后立柱上后砌柱顶端处钢丝之间的距离约为 20 厘米。拱杆上与拉紧钢丝交叉处用 12 号铁丝绑牢。

④绑垫杆 在拉紧的钢丝上要绑上垂直于拉紧钢丝的细竹竿,即垫杆。垫杆是用直径 2 厘米左右、长 2~3 米的细竹竿,几根细竹竿接起来,接头一定要平滑,从温室前缘一直到棚顶,并用细铁丝紧绑于东西向拉紧的钢丝上。相邻垫杆的间距为 60 厘米左右。

⑤粘接塑料棚膜 一般选用幅宽为 3 米、厚度为 0.11 毫米的 4 块聚氯乙烯功能滴膜,热压缝 5 厘米粘成整体棚膜,在整体棚膜覆盖顶部的一边粘上一道 2 厘米的"裤",裤里穿上 22 号钢丝,以备上棚膜后,通过东西拉紧钢丝,固定天窗通风口的宽度,防止棚膜松动。在"裤"下方 8 米处再粘合一道"裤",裤里穿上 22 号钢丝,作为下通风口的固定钢丝用,以防止下通风口通风时棚膜松动。另用 2~3 米宽、与温室一样长的塑料膜,在一个边粘合上一道 2 厘米宽的"裤",穿上 22 号钢丝,作为盖敞天窗通风口用。

⑥上棚膜 选择晴朗、无风、温度较高的天气,于中午上膜。上膜之前先把塑膜抻直晒软,然后用长 7 米、直径 5~6 厘米的 4 根竹竿分别卷起棚膜的两端,再东西同步展开放到温室前坡架上。

当温室屋顶和前缘的人员都抓住棚膜的边缘,并轻轻地拉紧对准应盖置的位置后,两端的人员开始抓住卷膜杆向东西两端方向拉棚膜,把棚膜拉紧后,随即将卷膜竹竿分别绑于山墙外侧地锚的钢丝上。在上棚膜时,由上坡往下坡展顺膜面,在顶部留出80~100厘米宽与温室等长的天窗通风口不盖整体膜。上完整体棚膜,随即上天窗通风口敞盖膜,将其有裤鼻的一边放在南边(即天窗通风口南边),先把穿在裤鼻里的14号钢丝连同薄膜一块轻轻地抻展开,当此膜压在整体膜上方靠南20厘米处(即盖过天窗通风口),拉紧固定在两山墙的地锚上。其后边盖过温室棚脊并向后盖过后坡将其拉紧,用泥巴盖在后坡及温室棚脊上的一边压住,并将泥抹严。在此通风口钢丝上分段设置上5~6组(三间长设1组,每组3个滑轮)敞盖天窗膜的滑轮,以便于顶部通风用。

⑦上压膜线 采用专用的尼龙绳压膜线压棚膜。按前坡拱形面长度加150厘米截成段备用。在上压膜线之前,应事先在温室前缘东西向每隔1.2米处备置好1个地锚,以备拴系压膜线。地锚埋在紧靠温室前缘外,深度40厘米。上压膜线时,上端拴在温室棚脊之后东西向拉紧的钢丝上,拉紧到一定程度后,下头拴在前缘外的地锚上。温室上好压膜线后,由于垫杆向上支撑棚膜,而压膜线于两垫杆中间往下压棚膜。

(5)上草苫 草苫一般用稻草和尼龙绳编织而成,稻草苫的长度一般是从温室棚脊至前窗底脚处地面的长度上再加长1.5米。草苫的厚度和宽度因不同气候、不同地理纬度而不同,在北纬39°~41°的严寒地区,一般草苫为6厘米厚,1.1~1.3米宽。在北纬36°~38°的地区,一般草苫的厚度为5厘米左右、宽度1.3~1.5米。在北纬35°以南地区,一般草苫厚3~4厘米、宽1.4~1.5米。每床草苫的重量为50~100千克。上草苫的方法有两种:一种是在温室屋顶的后边有一道东西拉紧的钢丝,把草苫从后坡搬至温室屋顶后部,一端固定在钢丝上,同时在草苫底下固定两根套拉草苫的拉绳,每根拉绳的长度应为草苫长度的2倍再加长2米,拉绳最好是尼龙防滑绳或麻绳,以便于放、拉草苫;另一种是把草苫搬到温室前,从棚面上铺上温室屋顶,顶部固定在后坡钢丝上。草苫的覆盖方法也有两种:一种是从东至西依次摆放,覆盖时采取覆瓦状,即西边一床草苫的东边压着相邻东边一床草苫的西边10厘米,从温室的后坡顶部覆盖到前坡前窗脚前的地面。最西边草苫的西边,要用一条尼龙绳或麻绳从后坡顶部至前坡前窗脚压紧,防止大风揭帘。另一种是从东至西先隔1个草苫覆盖1个草苫,盖到温室西边后,再由西到东把未覆盖处用草苫覆盖,使其两边压着相邻草苫的相邻边。现在电动卷帘机的使用已普及,在使用电动卷帘机时上草苫的方法基本与第二种方法相同。

(二)七立柱121型日光温室

1. 结构参数

①温室下挖1米,总宽16.1米,后墙外墙高3.6米,后墙内墙高4.6米,山墙外墙顶高5米,墙下体厚4米,墙上体厚1.5米,内部南北跨度12.1米,走道设在温室内最南端(与其他棚型相反),也可设在温室内北端,走道加水渠宽0.6米,种植区宽11.5米。

②立柱7排,一排立柱(后墙立柱)长6.4米,地上高5.6米,至二排立柱距离1米。二排立柱长6.6米,地上高5.8米,至三排立柱距离2米。三排立柱长6.4米,地上高5.6米,至四排立柱距离2米。四排立柱长5.8米,地上高5米,至五排立柱距离2.2米。五排立柱长5米,地上高4.2米,至六排立柱距离2.4米。六排立柱长3.8米,地上高3米,至七排立柱距离2.5米。七排立柱(戗柱)长1.8米,地上与棚外地平面持平,高1米。

③采光屋面平均角度为23.1°左右,后屋面仰角45°。前立柱与六排立柱间、六排立柱与五排立柱间、五排立柱与四排立柱间和四排立柱与三排立柱间的平均切线角度,分别为38.7°、26.6°、

20.0°和 16.7°左右。

2. 剖面结构图　见图 1-2。

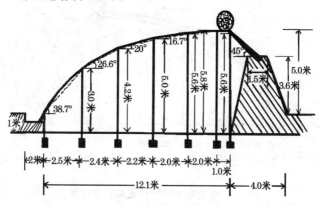

图 1-2　七立柱 121 型日光温室结构图示

3. 建造　依据结构参数,参照六立柱 114 型日光温室建造技术进行建造。

(三)单立柱 110 型日光温室

1. 结构参数

①单立柱钢筋骨架结构日光温室,下挖 1 米,总宽 15 米,内部南北跨度 11 米,后墙外墙高 3.4 米,后墙内墙高 4.4 米,山墙外墙顶高 4.7 米,墙下体厚 4 米,墙上体厚 1.5 米,走道和水渠设在温室内最北端,走道加水渠宽 0.6 米,种植区宽 10.4 米。

②仅有后立柱,种植区内无立柱。后立柱地上高 5.3 米。

③采光屋面参考角平均角度为 23.1°左右,后屋面仰角为 45°左右。前窗与距前窗檐 3 米处、距前窗檐 3 米处与距前窗檐 5.8米处、距前窗檐 5.8 米处与距前窗檐 8.4 米处的平均切线角度分别为 36.3°、24.9°和 17.1°左右。

2. 剖面结构图   见图 1-3。

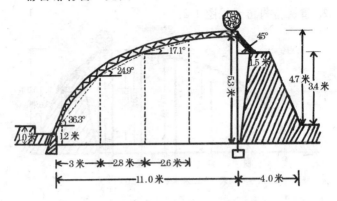

图 1-3   单立柱 110 型日光温室结构图示

3. 建   造

（1）建造墙体   同六立柱 114 型日光温室。

（2）预制墙顶   墙体砌好后，从顶部内缘平铺一层 0.06 厘米厚的塑料薄膜，一直铺到外墙底部，以防止漏雨浸垮墙体。在内墙墙缘向北 0.6 米处，东西向每 1.5 米埋一块预埋铁，以备焊接钢梁用。

（3）埋设后立柱基座   每隔 1.5 米在紧靠后墙体内侧挖一个 0.3 米×0.3 米×0.4 米深的坑预制水泥基座，并预埋铁块以便焊接后立柱用。

（4）焊制钢架拱梁   ①温室内每隔 1.5 米设钢架拱梁 1 架，100 米长的温室共计设 66 架拱梁。②焊制前坡拱梁要选取国标 3.96 厘米（1.2 寸）镀锌管与 3.3 厘米（1 寸）镀锌管焊成双弦（或 3 弦）拱架，用 6.5 毫米钢筋拉花焊成直角形。主要采光面平均角为 23.1°。③找一平整场地，根据日光温室宽度、高度和前坡棚面角角度，在地面做一模型，在模型线上固定若干夹管用的铁桩，根据模型焊制钢梁，这样既标准又便利，钢架采用上、下两层镀锌管，中间焊接三角形圆钢支撑柱,上层受力大用 3.96 厘米(1.2 寸)钢管,下层用 3.3 厘米(1 寸)钢管,焊好待用。

(5)前缘埋设钢梁预埋件　在日光温室前缘按设计宽度东西向砌直并垂直于日光温室栽培面,夯实地基,东西向每隔 1.5 米(与后立柱对齐)埋设一个预埋件,以备安装时焊接钢梁用。

(6)焊接立柱　用直径为 8.25 厘米(2.5 寸)的钢管作立柱,在栽培面以上 5.3 米东西向每隔 1.5 米在立柱基座上焊接 1 根,焊接时向北倾斜 5°,加大支撑后坡的压力与重力,立柱上端顺前坡方向焊接 7 厘米长的 5 厘米×5 厘米角铁一块。

(7)制后坡上棚架　截取 1 米长的 5 厘米×5 厘米角铁 1 根在立柱顶端向下 0.9 米处南北焊接,南端焊在立柱上,北端焊在后墙预埋件上;再截取 1 根 1.8 米长的 5 厘米×5 厘米角铁,上端焊在立柱顶端,下端焊接在后墙预埋件上,后坡形成等腰三角形(即后坡角度为 45°);再顺东西向沿立柱上端外侧,焊接 1 根 5 厘米×5 厘米角铁,东西两端焊接于两山墙预埋件上,以此向下在 1.8 米长的角铁上等间距焊接 2 根相同的角铁。后坡焊好后即可上拱梁,拱梁南北向后端焊接于立柱顶端 7 厘米长的 5 厘米×5 厘米角铁上,下缘焊于立柱上,前端焊接于前墙预埋件上。注意一定要使钢梁向下垂直地面,南北向垂直于后墙。

(8)拉钢丝　拉钢丝的方法同六立柱 114 型日光温室。

(9)上后坡　在北纬 34°～38°地区,后坡保温采用 10 厘米厚聚氨酯泡沫板,长度以上端扣在上部角铁内,下部放在后墙顶部为宜。为节约建棚费用,在纬度 34°以南地区,由于天气较暖,保温板可适当薄一些,而在纬度 38°以北地区要加厚。保温板铺好后放一层钢网、水泥预制板 10 厘米厚,也可用水泥板替代预制板,但是水泥板易开裂不利于防水。

(10)上棚膜和上草苫　膜下垫杆捆扎,上棚膜和上草苫同六立柱 114 型日光温室。

三、日光温室保温覆盖形式

(一)日光温室保温覆盖的主要方法

1. 塑料薄膜(浮膜)＋草苫＋日光温室薄膜 简称"两膜一苫"覆盖形式,在山东省寿光市统称"日光温室浮膜保温技术"。浮膜覆盖是日光温室深冬生产丝瓜时,傍晚放草苫后在草苫上面盖上一层薄膜,周围用装有少量土的编织袋压紧。浮膜一般用聚乙烯薄膜,幅宽相当于草苫的长度,浮膜的长度相当于日光温室的长度,厚度为 0.07～0.1 毫米。

该覆盖形式有以下优点:①保温效果好,深冬夜间温室内温度盖浮膜的比不盖的高出 2℃～3℃。②草苫得到保护,盖浮膜的日光温室比不盖的草苫能延长使用 1～2 年。③减轻劳动强度,过去在冬季夜晚,如果遇到雨雪天气,都要冒雨、冒雪到日光温室上把草苫拉起,防止雨水淋湿草苫或雪无法清除,如果盖上浮膜后再遇到雨雪天,可放心在家休息。

目前浮膜大都是普通的塑料膜,保温性能较差。寿光市的菜农在实践中发现一种"有色"浮膜,其浮膜正面为黑色,反面为白色,用起来效果很好,其优点是:太阳出来后,吸热快,浮膜上的霜冻融化得也快,能较早揭开草苫,增加温室内的光照时间,提高温室温度,有利于丝瓜的生长。另外,该膜要比一般棚膜厚,抗拉性强,耐老化,价格也不是很贵。

此项技术起源于三元朱村,在寿光市科技人员的努力下,得到了很好的推广,目前有 90% 的日光温室用上了这项技术。

2. 塑料薄膜(浮膜)＋草苫＋日光温室薄膜＋保温幕 该覆盖形式是在"两膜一苫"覆盖形式的基础上,在日光温室内再增加一层活动的薄膜棚,利用两层农膜把温室内热量积聚起来,不易散

发,从而提高保温性能,可较单一的"两膜一苫"覆盖形式提高温度
3℃~5℃。这种保温覆盖形式主要用于深冬季节,特别是出现连
续阴雪天气时,其他季节一般不用。在山东寿光市该覆盖形式统
称"棚中棚"。"棚中棚"具体建造方法是:在温室内吊蔓钢丝的上
部再覆上一层薄膜,薄膜覆上后用夹子将其固定;在日光温室前端
距棚膜50厘米处,顺应日光温室膜的走向设膜挡住;在日光温室
后端、种植作物北边,上下扯一层薄膜,其高度与上部膜一致,该膜
不固定,以便于通风排湿。

"棚中棚"的管理与温室一样,晴天拉开草苫,当温室内温度不
再明显下降时,要及时拉开二层内棚,寒流过后可把内棚全放开,
以增加光照。"棚中棚"在管理中应注意早上不宜过早通风,要在
温室内见光1小时后考虑通风,一是增加光合作用强度,提高温室
内二氧化碳利用率,使光合作用能顺利进行;二是晚通风,升温快,
能降低温室内空气湿度,达到减轻病害的目的。在连续阴雨雪天
时,温室内以保温为主,可不通风,但天气突然放晴时,要注意拉花
帘缓慢通风,以免植株适应不了外界条件而出现萎蔫的情况,从而
发生死棵现象。

3. 日光温室前脸设置三幅保温膜　在深冬季节,如何有效地
进行温室保温呢? 寿光市有经验的菜农在温室内设置了第二层膜
("棚中棚"),效果良好。可是,温室前脸处由于没有墙体的保护,
到了夜间,易与外界空气和土层发生热量交换,使得该处降温幅度
较大,不利于丝瓜秧苗的正常生长。在温室前脸处设置三幅保温
膜,很好地解决了保温问题。

第一幅膜:设置在最靠近温室前脸棚膜处,两者间距10厘米
左右。第一幅膜采用幅宽为1.6米的白色地膜。在温室前脸处,
先东西向拉一根细钢丝,注意要在垫杆下方。而后将薄膜的上边
缘用胶带粘在钢丝上,上下拉紧后,用土将其下边缘压住。该膜的
作用,一是可阻隔顺着棚膜流淌下的水滴蒸发,降低温室内湿度;

二是形成隔层,减少温室内外的热量交换。

第二幅膜:设置位置在第一幅的内侧,两者之间同样间隔 10 厘米左右。该幅膜与温室内的二膜一并设置,二膜即设置在温室内吊蔓钢丝上的保温膜。同样,温室前脸处的二膜直接依次固定在南北向吊蔓钢丝上,其下边缘也用土压住即可。设置好温室内二膜以后,丝瓜秧苗就相当于处在一间平房内,从而增强了保温性。

第三幅膜:该膜处在二膜的内侧,为了设置方便,需用竹条搭设拱架,即竹条一头插在土里,另一头弯向北侧,最后捆绑在温室内立柱上。待竹条搭设好,便可在其上覆盖第三幅保温膜,上边缘用胶带粘,下边缘用土压。第三幅膜最好做成活动式的,白天可撤下以提高温度,夜间覆上保温。三幅保温膜具体设置方法见图1-4。

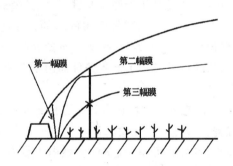

图1-4 日光温室前脸设置3幅保温膜图示

(二)棚膜的选择

目前日光温室的覆盖材料主要是塑料薄膜,其中最常用的棚膜按树脂原料可分为 PVC(聚氯乙烯)薄膜、PE(聚乙烯)薄膜和 EVA(乙烯-醋酸乙烯)薄膜 3 种。这 3 种棚膜的性能不同,PVC 棚膜保温效果最好,易粘补,但易污染,透光率下降快;PE 棚膜透光性好,尘污易清洗,但保温性能较差;EVA 棚膜保温性和透光率介于 PE 和 PVC 棚膜之间。在实际生产中,为增加棚膜的无滴性,常在树脂原料中添加防雾剂,PVC 棚膜和 EVA 棚膜与防雾剂的相容性优于 PE 棚膜,因而无滴持续时间较长。据调查,目前我国生产的 PE 多功能膜的无滴持续时间一般为 2～4 个月,PVC 和 EVA 棚膜可达 4～6 个月。当前,PE 棚膜应用最广,数量最大,其次是 PVC 棚膜,EVA 棚膜也开始试用。

生产中按薄膜的性能、特点,棚膜又分为普通棚膜、长寿棚膜、无滴棚膜、长寿无滴棚膜、漫反射棚膜和复合多功能棚膜等。其中普通棚膜应用最早,分布最广,用量最大;其次是长寿棚膜和无滴棚膜。近年来,长寿无滴棚膜也有了较快的发展。目前我国生产的棚膜主要有以下几种。

1. PE(聚乙烯)普通棚膜 这种棚膜透光性好,无增塑剂污染,尘埃附着轻,透光率下降缓慢,耐低温(脆化温度为 −70℃);密度轻(0.92),相当于 PVC 棚膜的 76%,同等重量的 PE 膜覆盖面积比 PVC 膜增加 24%;红外线透过率高达 87%～90%,夜间保温性能好,且价格低。其缺点是透湿性差,雾滴重;不耐高温日晒,弹性差,老化快,连续使用时间通常为 4～6 个月。日光温室上使用基本上每年都需要更新,覆盖日光温室越夏有困难。PE 普通棚膜厚度为 0.06～0.12 毫米,幅宽有 1 米、2 米、3 米、3.5 米、4 米、5 米等规格。

2. PE 长寿(防老化)棚膜 在 PE 膜生产原料中,按比例添加紫外线吸收剂、抗氧化剂等,以克服 PE 普通棚膜不耐高温日晒、易老化的缺点。其他性能特点与 PE 普通膜相似。PE 长寿棚膜是我国北方高寒地区温室越冬覆盖较理想的棚膜,使用时应注意减少膜面积尘,以保持较好的透光性。PE 长寿膜厚度一般为0.12 毫米,宽度规格有 1 米、2 米、3 米、3.5 米等,可连续使用18～24 个月。

3. PE复合多功能膜 在PE普通棚膜中加入多种特异功能的助剂,使棚膜具有多种功能。如北京塑料研究所生产的多功能膜,集长寿、全光、防病、耐寒、保温为一体,在生产中使用反映效果良好。在同样条件下,其夜间保温性比普通PE膜提高1℃～2℃,每667平方米温室使用量比普通棚膜减少30%～50%。复合多功能膜中如果再添加无滴功能,效果将更为全面突出。PE复合多功能膜厚0.06～0.08毫米,幅宽有1米、1.5米、2米、4米、8米等规格,有效使用寿命为12～18个月。

4. PVC(聚氯乙烯)普通棚膜 透光性能好,但易粘吸尘埃,且不容易清洗,污染后透光性严重下降。红外线透过率比PE膜低(约低10%),耐高温日晒,弹性好,但延伸率低。透湿性较强,雾滴较轻;比重大,同等重量的覆盖面积比PE膜小20%～25%。PVC膜适于作夜间保温性要求高的地区和不耐湿作物设施栽培的覆盖物。PVC普通棚膜厚度为0.08～0.12毫米,幅宽有1米、2米、3米等规格,有效使用期为4～6个月。

5. PVC双防膜(无滴膜) PVC普通棚膜原料配方中按一定配比添加增塑剂、耐候剂和防雾剂,使棚膜的表面张力与水相同或相近,薄膜下面的凝聚水珠在膜面可形成一薄层水膜,沿膜面流入温室底部土壤,不至于聚集成露滴久留或滴落。由于无滴膜的使用,可降低温室内的空气湿度;露珠经常下落的减少可减轻某些病虫害的发生。更值得说明的是,由于薄膜内表面没有密集的雾滴和水珠,避免了露珠对阳光的反射和吸收,增强了温室光照,透光率比普通膜高30%左右。晴天升温快,每天低温、高温、弱光的时间大为减少,对设施中作物的生长发育极为有利。但透光率衰减速度快,经高强光季节后,透光率一般会下降至50%以下,甚至只有30%左右;旧膜耐热性差,易松弛,不易压紧。同时,PVC无滴棚膜与其他棚膜相比,密度大,价格高。PVC双防膜厚度为0.12毫米,幅宽有1米、2米、3米等规格,有效使用期8～10个月。

6. EVA 多功能复合膜 这是针对 PE 多功能膜雾度大、流滴性差、流滴持效时间短等问题研制开发的高透明、高效能薄膜。其核心是用含醋酸乙烯的共聚树脂,代替部分高压聚乙烯,用有机保温剂代替无机保温剂,从而使中间层和内层的树脂具有一定的极性分子,成为防雾滴剂的良好载体,流滴性能大大改善,雾度小,透明度高,在日光温室上应用效果最好。EVA 多功能复合膜厚度为 0.08~0.1 毫米,幅宽有 2 米、4 米、8 米、10 米等规格。

(三)对草苫的要求及草苫的覆盖形式

1. 对草苫的要求

(1)草苫要厚 一般成捆的草苫平均厚度应不小于 4 厘米。

(2)草苫要新 新草苫的质地疏松,保温性能比较好,陈旧草苫质地硬实,保温效果差,不宜选用。另外,要选用用新草编制的草苫,不要选用陈旧或发霉的草编制草苫。

(3)草苫要干燥 干燥的草苫质地疏松,保温性好,便于保存,而且重量轻,也容易卷放。

(4)草苫的密度要大 草苫密度大的保温性能好,最好用人工编制的草苫,不要用机器编制的草苫,机器编制的草苫多比较疏松,保温性差,也容易损坏。

(5)草苫的经绳要密 经绳密的草苫不容易脱把、掉草,草把间也不容易开裂,草苫的使用寿命长,保温性能也比较好。一般幅宽为 1.2 米的草苫,其经绳道数应不少于 8 道。

2. 草苫的覆盖形式 日光温室覆盖草苫,一般采用"品"字形覆盖法,即在覆盖草苫时,在温室棚面上呈"品"字形摆放,其中两个草苫在下,中间预留 30~40 厘米的空隙,待底层草苫覆盖完毕后,再在每两个草苫中间加盖一个草苫,以增强温室的整体保温效果。此法覆盖草苫,既方便人工拉放草苫,又适合使用卷帘机拉放草苫。

传统的草苫覆盖法，多为上面草苫压盖下面草苫，除了保温效果不及"品"字形覆盖法外，而且由于传统覆盖法是将草苫连接在一块，两个草苫之间重合面积小，一旦遇到大风，还易被逐个刮起。另外，传统覆盖法仅适合于人工拉放单个草苫，不适合使用卷帘机整体拉放草苫（卷帘机通过卷杆把所有草苫一块上卷，草苫采用传统覆盖法覆盖，使用卷帘机拉起后，易出现倾斜，危险系数增大）。

草苫"品"字形覆盖法的具体操作流程可分以下几步：第一步，布设固定钢丝。为了防止草苫下滑脱落，需在温室后墙上缘东西方向布设一条固定钢丝，将草苫一头固定在钢丝上。具体方法是：先在温室后墙的东西两侧埋设深 50 厘米的地锚，然后把钢丝一头拴在地锚扣上，另一头再用紧线机拉紧即可。第二步，摆放草苫。根据温室的长度和草苫的规格，确定使用草苫的数量。而后把所有草苫一一摆放在温室的后墙上待用。在一般情况下，宽度约1.6 米的新草苫，两个成年人从温室东墙或西墙上便可将草苫抬放到温室后墙上。若使用 2.5～3 米宽的加宽草苫，这种草苫较重，不便于人工抬放，可以使用小型吊车，从温室的后面一一将草苫吊放上去。第三步，覆盖草苫。在草苫按照顺序摆放到温室后墙上后，先用铁丝将草苫的一头固定在东西方向的钢丝上，再一一把草苫沿着棚面滚放下来，呈"品"字形摆放。假若人工拉放草苫，宜提前把拉绳放在草苫下面；若使用卷帘机拉放草苫，在草苫摆放调整好后，将其下端固紧在卷杆上，而后开动卷帘机，试验一下拉放效果。若草苫出现倾斜，应先停止卷帘机，再进行调整，以防止发生意外事故。

3. 草苫的揭盖管理　草苫的揭盖直接关系到日光温室内的温度和光照。在揭盖管理上，应掌握在上午揭草苫的适宜时间，以有直射光照射到前坡面，揭开草苫后温室内气温不下降为宜。盖草苫的时间，原则上在日落前温室内气温下降至 15℃～18℃时覆盖。正常天气掌握在上午 8 时左右揭，下午 4 时左右盖。一般雨雪天,温室内气温不下降就要揭开草苫。大风雪天,揭草苫后温室内温度明显下降,可不揭开草苫,但中午要短时揭开或随揭随盖。连续阴天时,尽管揭苫后温室内气温下降,仍要揭开草苫,下午要比晴天提前盖草苫,但不要过早。连续阴天后的转晴天气,切不可猛然全部揭开草苫,应陆续间隔揭开;中午阳光强时可将草苫暂时放下,至阳光稍弱时再揭开。雪天及时清扫草苫上的积雪,以免化雪后将草苫弄湿。在最寒冷天气,夜间温室内最低温度出现10℃以下的低温时,应在草苫上再加盖一层旧薄膜或一层草苫,前窗加围苫。

四、寿光日光温室的主要配套设施

(一)顶风口

1. 顶风口的设置 日光温室前屋面的上面留出一条长、宽约50厘米的通风带,通风带用一幅宽为1~1.5米的窄膜单独覆盖。窄幅膜的下边要折叠起一条缝,缝边粘住,缝内包一根细钢丝,上膜后将钢丝拉直。包入钢丝的主要作用,一是通风口合盖后,上下两幅膜能够贴紧,提高保温效果;二是开启通风口时,上、下拉动钢丝,不损伤薄膜;三是上、下拉动通风口时,用钢丝带动整幅薄膜,通风口开启的质量好,工效也高。

2. 通风滑轮的应用 过去的日光温室覆盖的棚膜为一个整体,通风时要一天几次爬到温室屋顶上去,既增加了劳动强度,又不安全;而通风滑轮的应用是1个日光温室上覆盖大、小两块棚膜,通过滑轮和绳索调节通风口的大小,既节约时间,又安全省事。

安装方法:将定滑轮A和B固定在窄幅膜下的温室棚架下方(在膜下面),定滑轮C固定在宽幅膜下的棚架上(在膜上面)。为保护棚膜,可把定滑轮C固定在压膜线上,把通风绳、闭风绳的一端均拴在窄幅膜下边的细钢丝上,最后将通风绳绕过定滑轮 A、闭风绳依次绕定滑轮 B 和定滑轮 C 即可。通风时,拉动通风绳;闭风时,拉动闭风绳。平常为了预防通风口扩大或缩小,可把两绳拉紧,系在温室内的立柱或钢丝上(图 1-5)。

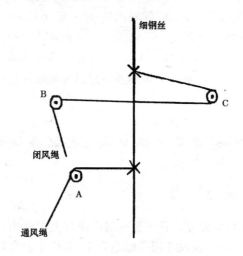

图 1-5　通风滑轮安装图示

3. 顶风口处设挡风膜　在冬季,尤其是深冬期,在日光温室通风口处设置挡风膜是非常必要的。其好处:一是可以缓冲温室外冷风直接从风口处侵入,避免冷风扑苗;二是因通风口处的棚膜多不是无滴膜,流滴较多,设置挡风膜可以防止流滴滴落在下面的丝瓜叶片上。在夏季,挡风膜可阻止干热风直接吹拂在丝瓜叶片上,减轻病毒病的发生。

挡风膜设置简便易行,就是在日光温室顶风口下面设置一块膜,长度和温室长相等,宽为 2 米,拉紧扯平,固定在日光温室的立柱和竹竿上,固定时要把挡风膜调整成北低南高的斜面,以便使挡风膜接到的露水顺流到日光温室北墙根的水渠内。挡风膜的设置位置如图 1-6 所示。

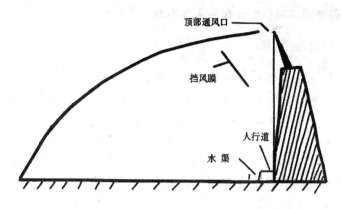

图 1-6　挡风膜的设置图示

挡风膜的安装方法是:将宽度为 2 米的挡风膜的两侧用粘膜机粘一个 2~3 厘米的"布袋",然后上侧"布袋"中穿一根比温室长出 6~8 米的钢丝,在通风口下南边 30~40 厘米的地方,将钢丝固定在温室两头外侧的地锚上,用紧线机抻紧。接着,每隔 15 米使用铁丝将缓冲膜的钢丝与棚面上的钢丝或拱杆固定一下,防止缓冲膜中间下垂。缓冲膜下部使用与温室长度等长的钢丝,穿在缓冲膜"布袋"内抻紧,固定在温室内后侧的立柱上即可。

(二)消毒池

近年来,日光温室土传病害越来越严重,其中人为传播是重要原因。因为生产人员鞋底所带的病菌进温室后即可成为病原,引起土传病害的暴发,所以菜农在帮工时所穿的鞋若不注意杀菌消毒,会造成土传病害的传播。

寿光菜农在温室门口设置的消毒池,可对进入人员的鞋底进行消毒。消毒池的设置方法为:在温室门口设置一个长为 50 厘米、宽为 40 厘米,深为 5～8 厘米的池子,池内放置高锰酸钾等消毒液,进温室时鞋底先在消毒池内蘸一下即可。

(三)卷 帘 机

1. 安装卷帘机的好处 卷放草苫是日光温室生产中经常而又较繁重的一项工作,耗费工时较多,设置卷帘机可达到事半功倍之效果。传统日光温室冬季的覆盖物为草苫。这些覆盖物的起放工作量大、劳动环境差。实践证明,使用电动卷帘机不仅大大延长了光照时间,增加了光合作用,更重要的是节省劳动时间,减轻了劳动强度。据调查,日光温室在深冬生产过程中,每 667 平方米日光温室人工拉帘约需 1.5 小时,而卷帘机只需 8 分钟左右。太阳落山前,人工放帘需用 1 小时左右。由此看来,每天若用卷帘机起放草苫,比人工节约近 2 小时的时间,同时延长了室内宝贵的光照时间,增加了光合作用时间。另外,使用电动卷帘机对草苫保护性好,延长了草苫的使用寿命,既降低生产成本,同时因其整体起放,其抗风能力也大大增强。

目前,寿光市 80% 的日光温室安装了卷帘机。

2. 日光温室卷帘机类型 目前使用的卷帘机有两大类型:一种是屈臂式,包括主机、支撑杆、卷杆三大部分,支撑杆由立杆和横杆构成,立杆安装在日光温室前方地桩上,横杆前端安装主机,主机两侧安装卷杆,卷杆随温室棚体长短而定;另一种是轨道式,包括主机、三相电动机、轨道大架、吊轮支撑装置、卷杆等构成。主机两侧安装卷杆,卷杆随温室棚体长短而定。

3. 屈臂式卷帘机安装步骤

第一步,预先焊接各连接活结、法兰盘到管上。根据温室长度确定卷杆强度(一般长 60 米以下的温室用直径 60 毫米高频焊管、壁厚 3.5 毫米;长 60 米以上的温室,除两端各 30 米用直径 60 毫米管外,主机两侧用直径 75 毫米、壁厚 3.75 毫米以上的高频焊管)和长度;焊接卷杆上的间距用一根 0.5 米长、高约 3 厘米的圆钢,立杆与支撑杆的长度和强度:在机头与立杆支点在同一水平的前提下,立杆和支撑杆长度的总和等于温室内跨度加 5 米,支撑杆长度比立杆短 20～30 厘米;长度超过 60 米的日光温室一般支撑杆需用双管(图 1-7)。

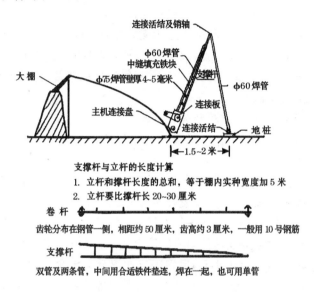

支撑杆与立杆的长度计算
1. 立杆和撑杆长度的总和,等于棚内实种宽度加 5 米
2. 立杆要比撑杆长 20～30 厘米

卷　杆

齿轮分布在钢管一侧,相距约 50 厘米,齿高约 3 厘米,一般用 10 号钢筋

支撑杆

双管及两条管,中间用合适铁件垫连,焊在一起,也可用单管

图 1-7　屈臂式卷帘机安装示意

第二步,草苫或保温被准备。草苫要求厚度均匀,长短一致,垂直固定于卷杆之上,并按"品"字形排列。注意草苫两边交错量要保持一致,若新旧草苫混用时一定要相间排列,尽量做到其左右对称,以免草苫卷动不同步和整体跑偏。

第三步,铺设拉绳。拉绳的作用是用来减轻卷帘机自身重量和卷动作用力对草苫的不良影响。拉绳的合理使用直接关系着草苫的使用寿命和机器的同步与跑正,拉绳的一端固定于温室顶地锚钢丝上,另一端固定于温室下卷帘机的卷轴上,要求每条拉绳工作长度及松紧度保持一致,统一标准。

第四步,在温室前约正中间,距温室 1.5～2 米处作立杆支点,用直径 60 毫米、长 80 厘米左右焊管与立杆进行"T"形焊接作为底座立在地平面,并在底座南侧砸 2 根圆钢以防止往南蹬走。

第五步,横杆铺好并连接。连接支撑杆与主机。

第六步,以活结和销轴连接支撑杆与立杆并立起来。

第七步,从中间向两边连接卷杆并将卷杆放在草苫上。

第八步,将草苫绑到卷杆上(只绑底层的草苫),上层的草苫自然下垂到卷杆处。

第九步,连接倒顺开关及电源。

第十步,试机,在卷得慢处垫些旧草苫以调节卷速,直至卷出一条直线。

4. 轨道式卷帘机安装步骤 在安装前两天先将地脚预埋件用混凝土浇铸于地下,位置在温室总长的中部并且距温室棚面前方 2～3 米的地方。

在正对地脚预埋件温室后墙上固定预埋件。将轨道大架的前端固定在地脚预埋件上,后端固定在温室后墙预埋件上。轨道高出棚面至少 70 厘米,一般 1～1.5 米。然后将机头安装在三角形轨道上,并按要求安装机头、电器及连接卷轴(图 1-8)。草苫的铺放和试机等同屈臂式卷帘机。

5. 操作方法 由下往上卷帘时,将开关拨到"顺"的位置,卷帘到预定位置时,将开关拨回"关"的位置。由上往下放帘时,将开关拨到"倒"的位置,放帘到预定位置时,将开关拨回"关"的位置。如遇停电,可将手摇柄插入手摇柄插孔进行人工摇动。顺时针摇动向上卷帘,逆时针摇动则向下放帘。

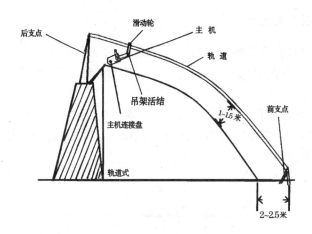

图 1-8　轨道式卷帘机安装示意

(四)棚膜除尘条

日光温室棚膜上的水滴、碎草、尘土等杂物会使透光率下降30%左右。新薄膜在使用过程中,随着使用时间的延长温室内光照会逐渐减弱。因此,要经常清扫,保持棚膜洁净,以增加棚膜的透明度。寿光市菜农在棚膜上设"除尘条"擦拭棚膜的方法简便易行,除尘条随风飘动,自动擦净棚膜,很有推广价值。

除尘条设置的方法是:在新上棚膜的日光温室上每隔1.2米设置一条宽6~10厘米、比棚膜宽度长0.5~1米的布条,两头分别系在温室上部通风口和温室前裙的压膜线上,利用风力使布条摆动除尘,这样布条不会对棚膜造成划伤。

由于布条中间摆幅最大,除尘率可达80%以上,两头摆幅最小,除尘率不足50%,所以菜农还要及时利用抹布将温室南北两端棚膜上的尘土擦去。

(五)温室运输车

一个日光温室要运出几万千克蔬菜,过去靠一次几十千克地往外提,工作量很大,如果安装一个运货的滑轮吊车,即使一个力气平常的人,也可以承担这些工作。

1. 运输车工作原理 如图1-9所示,轨道运输车是在温室后部的人行道上空沿滑轮轨道运行。运载重物时,通过推或拉达到运输重物的目的。

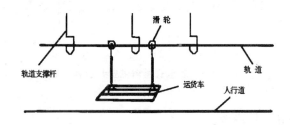

图1-9 日光温室运输车安装示意

2. 使用材料 滑轮直径6厘米,必须用钢材做。经过试验,使用铸铁或塑料做的滑轮,承重力小,使用寿命短。滑轮与框架的连接件使用钢筋和钢管,钢筋直径1厘米,长20~30厘米。钢管内径25~30毫米,长100厘米,钢管与框架用钢筋电焊连接。滑轮转轴与钢管之间用钢筋电焊连接。运输车的框架可用内径15~20毫米的钢管,也可用4厘米×4厘米的角钢。四边框用电焊连接。框架中间再焊接2根钢管或角钢。也可不用框架,将连接滑轮的两钢管均缩短至50厘米,并在两钢管下端焊接一横向钢管,在横向钢管下部焊接直径1厘米的钢筋挂钩。

轨道可设置单轨和双轨两种,单轨道用24号钢丝、双轨道用20号钢丝。轨道支撑杆由钢丝和窄钢板组成,钢丝型号为20号,窄钢板厚度为0.5厘米,宽3~4厘米,长40厘米左右,加工成

"凵"形状。

3. 轨道安装　轨道需要吊在温室内后部人行道处的空中,与温室后墙的水平距离为 35 厘米,与地面的距离为 200 厘米。钢丝穿过温室两山墙,两端固定在附石(地锚)铁丝上,然后用紧线机紧好并固定牢靠。每间温室设置一轨道支撑杆,支撑杆由钢丝和"凵"钢板两部分组成,"凵"钢板较长端固定在钢丝上,另一端焊接在轨道下端,且"凵"钢板两边要与轨道垂直,使滑轮正好从"凵"中间通过。钢丝的另一端固定在温室后坡支架上。将滑轮和框架安装在轨道上即可使用。

4. 使用年限　在正常情况下,日光温室轨道运输车可使用 10～20 年。

(六)阳 光 灯

因冬季光照弱、时间短,9 000～20 000 勒克斯光照时数每天仅有 6～7 小时,而丝瓜要求 10 小时以上,才能达到最佳产量状态,所以,光照不平衡已成为当今制约日光温室冬春茬丝瓜高产优质的主要因素。为了解决日光温室增产问题,寿光市引进了阳光灯技术,解决了冬季日光温室因光照带来的弱秧低产问题。

1. 阳光灯增产的原理　①促使丝瓜长根和花芽分化。冬季丝瓜常见的不良症状是龟缩头秧、徒长、茎细节长花弱、落花落果、畸形僵果、小叶、叶凋等,均系温度低和光照弱引起的病症。靠太阳光自然调节,少则十天半个月,多则 1～2 个月,才能缓解由于温度低带来的问题,严重影响产量和效益。在日光温室内安装阳光灯,其中的红、橙光促使丝瓜扎深根,蓝、紫光促进花芽分化和生长,作物无障碍生育,增产幅度可达 1～3 倍。丝瓜有深根长果实、浅根长叶蔓的习性,补光长深根还可达到控秧促根、控蔓促果的效果。②提高丝瓜秧的抗病、增产和优质作用。高产栽培十要素的核心是防病。种、气、土是病菌的载体;水、肥是病菌的养料;温度、密植是环境,惟有光是抑菌灭菌、增强植物抗逆性的生态因素。如果日光温室内温度提高 2℃,空气相对湿度下降 5％左右,光照强度增加 10％,病菌特别是真菌可减少 87％,因此冬季温室内消除病害,升温降湿,补光提高植物体含糖度,增强耐寒、耐旱及免疫力,是抑菌防病最经济实惠的办法;还能减少用药、用工等开支和产品污染程度,有利于生产无公害绿色食品。③延长日光温室作物光合作用效应。日光温室多在冬季应用,早上光适温低,下午温室西墙挡光,每天浪费掉 30～60 分钟的自然适光,日光温室建筑方位只能坐北向南,偏西 5°～9°。补光生产丝瓜,日光温室可建成坐北向南偏东,太阳一出来,作物可很快进入光合作用适温和适光环境。下午气温在 15℃～20℃时,打开阳光灯补光 1～3 个小时,每天能将 5～7 个小时的适宜光合作用条件延长 1～3 个小时,增产幅度可提高 20％以上。

2. 阳光灯的安装 ①阳光灯配套件为 220V/36W 灯管,配相应倍率的镇流器灯架,每天在无光时可照射 17 平方米面积,弱光时可照射 30～60 平方米。灯管布局以温室内光的照度均匀为准,灯距被照射植株的高度以 1.5～2 米为宜。因太阳光受云层影响,时弱时强,丝瓜需光强度为 1 万～7 万勒克斯,苗期和生育期有别。安装时,每个阳光灯都设开关,以便根据生物生长需求和当时光强度进行调节。②用 220V、50Hz 电源供电,电源线与灯总功率匹配。电源线用铜线,直径不小于 1.5 毫米,接头用防水胶布封严。

3. 应用方法 ①育苗期,早上 7～9 时和下午 4～6 时开灯,与太阳光一并形成 9～11 小时的光照,培育壮苗。②在连阴雨天全天照射,可避免根萎秧衰。③结果期早上或下午室温在 15℃以上,但光照强度在 9 000～20 000 勒克斯以下时,便可开灯补光。

(七)反光幕

在日光温室栽培畦北侧或靠后墙部位张挂反光幕,有较好的增温补光作用,是日光温室冬季生产或育苗所必需的辅助设施。

1. 反光幕应用效果　①可明显增加温室内的光照强度,可增加光照5000勒克斯,尤以冬季增光率更高。张挂反光幕的实践表明,反光幕前0~3米,地表增光率由近及远为44.5%~9.1%,60厘米空中增光率由高至低为40.0%~9.2%。反光幕的增光率随着季节的不同而有差异,在冬季光照不足时增光率大,春季增光率较小;晴天的增光率大,阴天的增光率小,但也有效果。②可提高气温和地温。反光幕增加光照强度,明显的影响着气温和地温,反光幕2米内气温提高3.5℃,地温提高1.9℃~2.9℃。③育苗时间缩短,秧苗素质提高,同品种、同苗龄的幼苗株高、茎粗、叶片数均有增加。④改善了温室内小气候,增强了植株的抗病能力,减少农药使用及污染。⑤张挂反光幕日光温室的丝瓜产量、产值明显增加,尤其是冬季和早春增效更明显。

2. 反光幕的应用方法　每667平方米温室用量为200平方米。张挂镀铝聚酯膜反光幕的方法有单幅垂直悬挂法、单幅纵向粘接垂直悬挂法、横幅粘接垂直悬挂法和后墙板条固定法4种。生产上多随日光温室走向,面朝南,东西延长,垂直悬挂。张挂时间一般在11月末至翌年3月。最多延至4月中旬。张挂步骤如下(以横幅粘接垂直悬挂法为例):使用反光幕应按日光温室内的长度,用透明胶带将50厘米幅宽的3幅镀铝聚酯膜粘接为一体。在日光温室中柱上由东向西拉铁丝固定,将幕布上方折回,包住铁丝,然后用大头针或透明胶布固定,将幕布挂在铁丝横线上,使幕布自然下垂,再将幕布下方折回3~9厘米,固定在衬绳上,将绳的东西两端各绑竹棍一根固定在地表,可随太阳照射角度水平北移,使其幕布前倾75°~85°。也可把50厘米幅宽的镀铝聚酯膜按中柱高度剪裁,一幅幅紧密排列并固定在铁丝横线上。150 厘米幅宽的镀铝聚酯膜可直接张挂。

3. 注意事项

第一,定植初期,靠近反光幕处要注意浇水,水分要充足,以免光强温高造成灼苗。使用的有效时间为 11 月至翌年 4 月。对无后坡日光温室,需要将反光幕挂在北墙上,要把镀铝膜的正面朝阳,否则膜面离墙太近,易因潮湿造成铝膜脱落。每年用后,最好经过晾晒再放于通风干燥处保管,以备再用。

第二,反光幕必须在保温达到要求的日光温室才能应用。如果温室保温不好,白天只靠反光幕来提高温室内的气温和地温虽然有效,但夜间难免受到低温的损害。因为反光幕的作用主要是提高温室后部的光照强度和昼温,扩大后部昼夜温差,从而把后部的丝瓜增产潜力挖掘出来。

第三,反光幕的角度、高度需要随季节、丝瓜生长情况等进行适当的调整。日光温室早春茬丝瓜定植多在 12 月至翌年 1 月份,此时植株矮小、地温低、影响缓苗,使用反光幕主要起到提高地温、促进缓苗的作用。冬季太阳高度角小,悬挂的反光幕一般较矮,贴近地面,以垂直悬挂或略倾斜为主。在丝瓜植株长高后,植株叶片对光照的要求增加,尤其是早、晚光照较弱时,反光幕主要起到提高光合作用的目的。此时植株高、太阳高度角变大,悬挂反光幕也需要适当调整,反光幕底部位置提高到植株顶点附近,角度以底部略向南倾斜为宜,以保证上午 8～9 时反射光线基本与地面水平为好。一般情况下,反光幕与地面应保持在 75°～85°角。进入 4 月份以后,随着气温逐步回升,光照充足,制约深冬丝瓜生长的光照不足、气温偏低的问题已不存在,晴天时甚至会出现光照过强、温度过高的问题,此时反光幕也已完成了其作用,应及时撤掉。

(八)防 虫 网

防虫网覆盖栽培是一项能提高产量的实用环保型农业新技术。通过覆盖在温室棚架上构建人工隔离屏障,将害虫拒之网外,切断害虫(成虫)繁殖途径,有效控制各类害虫,如菜青虫、菜螟、小菜蛾、蚜虫、跳甲、甜菜夜蛾、美洲斑潜蝇、斜纹夜蛾等的传播以及预防病毒病传播的危害,确保大幅度减少菜田化学农药的施用,使产出的丝瓜优质、卫生,为发展生产无污染的绿色农产品提供了强有力的技术保证。

1. 防虫网种类　防虫网是一种采用添加防老化、抗紫外线等化学助剂的聚乙烯为主要原料,经拉丝制造而成的网状织物。它与塑料布等覆盖物的不同之处在于网目之间可使空气流通,但能将昆虫阻隔于外界。防虫网的规格主要包括幅宽、丝径、颜色、网孔密度等内容。幅宽通常为 1~1.8 米,最大幅宽为 3.6 米;丝径范围是 0.14~0.18 毫米;颜色有白色、银灰色、黑色等,但以白色为多。如果为了加强遮光效果,可选用黑色或银灰色的防虫网避蚜虫效果更好。目前,生产上推荐适宜使用的目数是 20~40 目,以 20 目、25 目、32 目最为常用。

2. 防虫网的作用

(1)防虫　丝瓜覆盖防虫网后,基本上可免除菜青虫、小菜蛾、甘蓝夜蛾、斜纹夜蛾、黄曲跳甲、猿叶虫、蚜虫等多种害虫的为害。据试验,防虫网对菜青虫、小菜蛾、美洲斑潜蝇防效为94%~97%,对蚜虫防效为90%。

(2)防病　病毒病是丝瓜的灾难性病害,主要是由昆虫特别是白粉虱传病。由于防虫网切断了害虫这一主要传毒途径,因此可大大减轻丝瓜病毒的侵染,防效为80%左右。

3. 网目选择　购买防虫网时应注意孔径。在丝瓜生产上使用的防虫网以 25~40 目为宜,幅宽 1~1.8 米。白色或银灰色的防虫网效果较好。防虫网的主要作用是防虫,其效果与防虫网的目数有关,目数即在 25.4 毫米见方的范围内有经纱和纬纱的根数,目数越多,防虫的效果越好,但目数过多会影响通风效果。防虫网的目数是关系到防虫性能的重要指标,栽培时应根据防止害虫的种类来选取,一般在丝瓜生产中多采用 25~40 目的防虫网。使用防虫网一定要注意密封,否则难以起到防虫的效果。

4. 覆盖形式 因夏季害虫多,日光温室前部和通风天窗最好安装 25~40 目的防虫网(图 1-10),这样,既有利于通风,又可以防虫。为提高防虫效果,必须注意以下两点:一是全生长期覆盖。防虫网遮光较少,无须日盖夜揭或前盖后揭,应全程覆盖,不给害虫有入侵的机会,才能收到满意的防虫效果。二是土壤消毒。在前作收获后,要及时将前茬残留物和杂草清出温室集中烧毁。全温室喷洒农药灭菌杀虫。

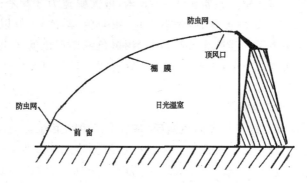

图 1-10　日光温室防虫网覆盖方式

(九)遮 阳 网

遮阳网又称遮荫网、遮光网、寒冷纱或凉爽纱,是以聚烯烃树脂作基础原料,并加入防老化剂和其他助剂,熔化后经拉丝编织成的一种轻型、高强度、耐老化的新型网状农用塑料覆盖材料。

1. 遮阳网种类　常用的遮阳网有黑色、银灰色、黄色、蓝色、绿色等多种,以黑色、银灰色最普遍。黑色遮阳网的遮光度较强,适宜酷暑季节覆盖。银灰色的透光性较好,有避蚜和预防病毒的作用,适用于初夏、早秋季节覆盖。

遮阳网一般的产品幅宽为 0.9~2.5 米,最宽的达 4.3 米,目前以 1.6 米和 2.2 米幅宽的使用较为普遍。

2. 主要功用

(1)降低温室内气温及土温,改善田间小气候　使用遮阳网可显著降低进入日光温室内的光照强度,有效地降低热辐射,从而降低气温和地温,改善丝瓜生长的小气候环境。一般使用遮阳网可使日光温室内的气温较外界降低 2℃~3℃,同时可有效地避免强光照对丝瓜生产的危害。据测定,高温季节可降低畦面温度 4.59℃~5℃,在炎热夏天最大降温幅度为 9℃~12℃。

(2)改善土壤理化性　雨季菜地经常变板结,但用遮阳网能保持土壤良好的团粒结构和通透性,增加土壤氧气含量,有利于根系的深扎和生长,促进地上部植株生长,达到增产的目的,还能使雨天直播或育苗的种子出土良好。

(3)遮挡雨水　能防止大暴雨直接冲刷畦面,减少水土流失,保护植株和幼苗叶片完整,提高商品率和商品性状。据测试,采用遮阳网覆盖后,暴雨冲击力比露地栽培减弱 98%,降水量减少 13.29%~22.83%。

(4)减少土壤水分蒸发　保持土壤湿润,防止畦面板结。据调查,覆盖遮阳网后,土壤水分蒸发量比露天栽培减少 60%以上。

(5)避害虫、防病害　据调查,遮阳网避蚜效果达 88.8%~100%,对丝瓜病毒病防效为 89.8%~95.5%,并能抑制丝瓜多种病害的发生和蔓延。

3. 选用遮阳网的原则　①丝瓜为喜温中、强光性蔬菜,夏秋季生产,根据光照强度选用银灰网或选用黑色 SZW-10 等遮光率较低的黑色遮阳网;避蚜、防病毒病,最好选用 SZW-12、SZW-14等银灰网或黑灰配色遮阳网覆盖。②夏秋季育苗或缓苗短期覆盖,多选用黑色遮阳网覆盖。为防病毒病,亦可选用银灰网或黑灰配色遮阳网覆盖。③全天候覆盖的,宜选用遮光率低于 40% 的网,或黑灰配色网覆盖。

4. 日光温室覆盖方式 日光温室覆盖是指在温室棚体上覆盖遮阳网的覆盖方式。覆盖方式主要以顶盖法和一网一膜两种方式为主。顶盖法是指在日光温室的二重幕支架上覆盖遮阳网;一网一膜覆盖方式是指覆盖在日光温室上的薄膜,仅揭除围裙膜,顶膜不揭,而是在顶膜外面再覆盖遮阳网。在寿光市大多采用一网一膜覆盖方式。

遮阳网覆盖栽培的技术原则是:看天、看作物灵活揭盖;晴天时白天盖,夜间揭;阴天时全天不盖。30℃ 以上温度,一般从上午8 时至下午 4 时覆盖。

(十)温 度 表

温度表是日光温室丝瓜生产中必不可少的重要工具,菜农须通过它上面显示的温度来确定关闭通风口、放草苫的时间。一旦上面显示的有误差,对丝瓜管理会造成很大影响。只有正确悬挂才能准确测定温室内温度。

1. 确定悬挂的位置 很多日光温室里温度表悬挂的位置很乱,大部分悬挂在温室后通风口下面,还有悬挂在温室前脸处的,这两种做法都是不正确的。悬挂在通风口下面,此处通风时,外界的冷空气进入温室内,直接造成后部温度快速降低,温度变化频繁,极不稳定;还有温室后墙上温度变化快,根本不能准确反映丝瓜生长空间的温度;而悬挂在温室前脸处,此处地温较低,与外界接触面大,散热较快,气温比较低,若温度表悬挂在此,数据也不准确。正确的悬挂位置是在温室中部,此处距离墙体、通风口等容易进风的地方都较远,能显示出准确的温度。

2. 温度表悬挂高度要随着丝瓜高度变化 大多数菜农在悬挂上温度表后,一般都不再挪动它,这也是不正确的。温度表的悬挂高度需要随植株高度不断调整,以准确反映植株生长点附近的温度。如果植株高度已超过挂温度表的高度,还不调整温度表的高度,这样温度表就藏在植株顶部之下,测出来的温度就会偏低。若根据温度表上显示的温度来管理丝瓜的话,丝瓜生长很难正常。因此,温度表应悬挂在植株生长点下10厘米处,并要随着丝瓜的生长随时调节温度表悬挂的高度,这样才能测出准确的温度,菜农朋友可据此在生产管理中采取相应的措施。

第二章　丝瓜新优品种选择

一、寿光中绿丝瓜

【品种来源】　由山东省寿光市菜农筛选的适宜日光温室栽培的长果型优质丝瓜品种。

【品种特性】　植株蔓生，蔓长 4 米以上，叶片为掌状五裂单叶，叶片长、宽均为 25 厘米左右，花黄色，商品嫩瓜长棒形，果皮绿色，皮薄，果肉绿白色，瓜长 50～60 厘米，横径 3～5 厘米。上下粗细均匀，单瓜重一般为 250～500 克，瓜肉无筋，味甜质嫩，品质上乘。结瓜早，主蔓第五至第八节出现第一雌花，第十节左右结第一个瓜。结瓜性特别强，一般每隔 3～5 节结一个瓜，肥水条件好时，能连续 2～4 节每节结瓜。雌花授粉后 12～15 天，瓜粗达到 3～5 厘米时，可采摘上市。

【适作茬口】　适宜日光温室冬春茬和早春茬栽培。

二、赛佳丽丝瓜

【品种来源】　从泰国引进的一代杂交新品种。

【品种特性】　早熟，植株蔓生，叶呈掌形绿色，以主蔓结瓜为主，主蔓第七至第八节开始出现雌花，间隔一节后，连续有花。瓜长条形，光滑顺直，有光泽，瓜长 45～55 厘米，内质嫩、香、甜，带顶花，耐运输。高产的每 667 平方米可达 20 000 千克左右。

【适作茬口】　适于日光温室冬春茬和特早春茬栽培。

三、黄皮线丝瓜

【品种来源】　由寿光市菜农筛选的适宜日光温室栽培的中长果型优质丝瓜品种。

【品种特性】　植株蔓生，蔓长4米以上。叶片为掌状五裂单叶，叶片长、宽均25厘米左右。花黄色。果实长棒形，果皮黄绿色，皮薄，果肉绿白色，瓜长60～80厘米，横径3～5厘米，上下粗细均匀，单瓜重一般250～500克。瓜肉白色，无筋，味甜质嫩，品质上乘。结瓜早，主蔓第六至第九节出现第一雌花，第十一节左右结第一个瓜。结瓜性特别强，一般每隔3～5节结一个瓜；肥水条件好时，能连续2～4节每节结瓜。雌花授粉后12～15天，瓜粗达到3～5厘米时，可采摘上市。

【适作茬口】　适宜日光温室冬春茬和特早春茬栽培。

四、黑筋线丝瓜

【品种来源】　由寿光市菜农筛选的适宜日光温室栽培的中长果型优质丝瓜品种。

【品种特性】　植株蔓生，蔓长4米以上。叶片为掌状五裂单叶，叶片长、宽均25厘米左右。花黄色。果实长棒形，果皮绿色，有8条黑筋，皮薄，果肉绿白色，瓜长60～80厘米，横径3～5厘米。上下粗细均匀，单瓜重一般为250～500克。瓜肉白色，味甜质嫩，品质上乘。结瓜早，主蔓第六至第八节出现第一雌花，第十节左右结第一个瓜。结瓜性特别强，一般每隔3～5节结一个瓜；肥水条件好时，能连续2～4节每节结瓜。雌花授粉后12～15天，瓜粗（横径）达到3～5厘米时，可采摘上市。

【适作茬口】　适宜日光温室冬春茬和特早春茬栽培。

五、五叶香丝瓜

【品种来源】 江苏地方品种。

【品种特性】 极早熟,坐果节位低,一般从第五节开始结瓜,以上每节都能结瓜。瓜长 26～30 厘米、粗 6.5 厘米左右,圆柱形,肉厚,单瓜重 500 克左右,绿色,有弹性,香味浓,商品性好。耐低温、耐弱光,早期易坐果。适宜密植,抗病虫能力强,丰产性好。适宜保护地早熟栽培和露地栽培。五叶香丝瓜节成性好,适合密植,坐瓜率高,丰产性好,效益高,每 667 平方米产量可高达 7 000 千克。

【适作茬口】 适宜全国各地露地或保护地栽培。

六、济南棱丝瓜

【品种来源】 山东省济南市地方品种。

【品种特性】 植株生长势较强,分枝力强。叶片心脏状五角形,色绿较浓。果实棍棒形,皮绿色,无茸毛,果实一般有 10 条棱。瓜长 30～50 厘米,直径 4～6 厘米,单瓜重 300～800 克。瓜肉白色,品质好。该品种耐热,不耐寒,较耐湿,病虫少。从播种至第一果生理成熟约需 180 天。山东省农家庭院多有栽培,主、侧蔓繁茂,攀缘性强,单株平架面积需 40～50 平方米。近年来,利用日光温室翻秋播种,反季栽培,从越冬期开始供果,持续供果期可延续到翌年秋后,采收供果期长达 270 天。每 667 平方米温室可产 8 000 千克以上。如果用双依丝瓜或黑籽南瓜为砧木培育嫁接苗于温室栽培,不仅能有效地防止枯萎病发生,而且更高产。每 667 平方米温室可产商品瓜 1 万～1.2 万千克。

【适作茬口】 适宜日光温室冬春茬、特早春茬和越夏延秋茬栽培。

七、夏棠 1 号丝瓜

【品种来源】 由华南农业大学园艺系育成。

【品种特性】 植株攀缘生长势强,分枝较少,结瓜节位低。第一雌花出现后,节节着生雌花。瓜长棒形,有棱 10 条,瓜长 45～60 厘米,横径 4～5.5 厘米,头尾匀称,外皮青绿色,单瓜重 400～600 克。食味好,爽脆,品质佳。早熟,耐热,耐涝,耐肥,适应性强。适于华南地区露地栽培,也适用于北方地区温室保护地反季节栽培。在寿光市,该品种于日光温室保护地越冬茬栽培,其产量表现不亚于济南棱丝瓜。

【适作茬口】 适宜全国各地露地或保护地秋冬茬、冬春茬栽培。

八、广东青皮丝瓜

【品种来源】 引自广东省。

【品种特性】 植株分枝力和生长势均强。叶片掌状 5～7 裂,色绿。第一雌花一般着生于主蔓第九至第十六节。瓜条长棒形,有 10 条棱,有皱纹,长 40～50 厘米,横径 4.5～5.5 厘米,单瓜重 200～600 克,果皮色绿或黄绿。皮薄,肉厚,品质优良。该品种在寿光市露地栽培表现晚熟,故很少用于露地栽培。而利用日光温室保护地栽培,因延长生育期,尤其延长持续结瓜期,故能获高产。每 667 平方米温室产瓜 8 000 千克以上。该品种耐热、耐湿,抗病性较强,而不耐寒。植株繁茂。主侧蔓均较长,支架栽培时密度不宜过大,且要支架或棚架充足。

【适作茬口】 适宜全国各地露地或保护地秋冬茬、冬春茬栽培。

九、广东八棱丝瓜

【品种来源】 广东地方丝瓜品种。

【品种特性】 植株蔓性强,枝叶繁茂,叶片掌状七角形,绿色。主蔓第六至第七节着生第一雌花。瓜棍棒形,基部细,后端粗,长35~40厘米,横径4~5厘米,单瓜重150~200克,瓜皮绿色,质地较硬,无茸毛,有明显棱线8~10条。瓜肉白色,质较脆嫩,水分多,品质佳。生育期180~200天。耐热、耐湿,不耐寒,较抗病。露地栽培或利用日光温室进行反季节栽培,其产量不亚于青皮丝瓜,且成熟期较青皮丝瓜早。

【适作茬口】 适宜全国各地露地或保护地秋冬茬、冬春茬栽培。

十、雅绿丝瓜

【品种来源】 由广东省农业科学院蔬菜研究所育成的优良丝瓜品种。

【品种特性】 单瓜重约300克,瓜长55厘米,横径4厘米,头尾匀称,皮色绿,棱色乌,品质佳。坐瓜性好,单株结瓜数多。寿光市菜农利用日光温室保护地越冬茬栽培,一般每667平方米大棚产瓜量超过8 000千克。该品种突出特点是早熟、丰产、优质。

【适作茬口】 适宜全国各地露地或保护地秋冬茬、冬春茬栽培。

十一、乌皮丝瓜

【品种来源】　广州市地方品种。

【品种特性】　叶浓绿色。主蔓第八至第十二节着生第一朵雌花。瓜长棒形,长 40 厘米,横径 4.2 厘米。瓜皮浓绿色,具 10 棱,棱边深绿色。肉白色。单瓜重 500 克左右。皮稍薄,皱纹较少,品质好。较耐贮运。其产量表现与夏棠 1 号丝瓜大体相同。

【适作茬口】　适宜全国各地露地或保护地秋冬茬、冬春茬栽培。

十二、三喜丝瓜

【品种来源】　由台湾农友种苗公司育成的杂交一代早熟种。

【品种特性】　茎蔓较细,在长日照期间仍能结果,常连续数节结果。果形细长,果肩较粗,适食时瓜长 30～40 厘米,横径 4.4～5 厘米,单瓜重 250～350 克。皮青绿色,肉白绿色,不变黑,品质细嫩。商品性好,适于外销。

【适作茬口】　适宜全国各地露地或保护地秋冬茬、冬春茬和特早春茬栽培。

十三、寿研特丰一号

【品种来源】　由中国农业大学寿光蔬菜研究院育成。

【品种特性】　无限生长型,中熟,叶型中等,果皮黄色。果实集生,可连续结 4～5 个果,后期果实结成多,开花后 8～10 天开始采收。形美价高,果实稍短粗,适装箱运输,果长 40～45 厘米,横径 4～5 厘米。抗霜霉病、白粉病和疫病。

【适作茬口】 适宜于日光温室早春茬栽培。

十四、寿研特丰二号

【品种来源】 由中国农业大学寿光蔬菜研究院育成。

【品种特性】 无限生长型,植株蔓生,生长健壮,分枝力强。保护地栽培节节显雌。瓜条长圆柱形,长45～50厘米,横径4～5厘米,单果重450～500克。果皮黄绿色,果肉厚,乳白色,品质上等。耐热、耐涝、耐老,但耐旱力较差。抗霜霉病、白粉病。

【适作茬口】 适于日光温室冬春茬栽培。

十五、乳白早丝瓜

【品种来源】 由亚华种业蔬菜种子事业部育成。

【品种特性】 植株蔓性,生长势强,节间较长。叶片掌状、茎棱形,以主蔓结瓜为主。第一雌花节位7～8节,以后每节着生雌花,早期每藤挂瓜6～8个,节成性好。在肥水供应均衡、充足的条件下,一般每节可成1个瓜。瓜条中长、较粗、匀称、顺直,畸形瓜少,味微甜。瓜表皮乳白色,外被茸毛。商品瓜长30～32厘米,粗6～7厘米,单瓜重500～600克。采收期长,总产量高,裂果少。对霜霉病、白粉病的抗性较强。较耐低温、弱光。

【适作茬口】 适宜早春和秋冬茬保护地栽培。

十六、江蔬1号

【品种来源】 由江苏省农业科学院蔬菜研究所最新育成的早熟一代丝瓜。

【品种特性】 主蔓结瓜为主,第一雌花生于4～6节,连续结瓜能力强,肥水充足则可同时坐瓜 3～4 个。瓜条长棒形,长 45 厘米左右,粗 5 厘米,单瓜重 450 克左右。皮薄色绿,瓜肉绿白色,清香味甜,从开花至采收仅需 7 天。早熟、抗病、商品性佳,耐老化,前期产量高。对霜霉病、病毒病、根结线虫病有较强的抗性。耐低温、耐弱光性能好,主蔓连续结瓜能力强。

【适作茬口】　适宜日光温室早春茬栽培。

十七、绿胜 1 号

【品种来源】　由广州市蔬菜科学研究所选育的杂种一代有棱丝瓜新品种。

【品种特性】　抗逆性强,长势中等,侧枝少,以主蔓结果为主,连续结果能力强,增产潜力大。商品瓜长 55～60 厘米,横径约 5 厘米,单瓜质量 500 克,外形佳,头尾匀称,皱褶少,皮色深绿,色泽佳,无花皮,棱沟浅,棱角墨绿色。品质优,经检测,营养成分含量较高,口感好,味甜,肉质爽脆。较早熟,春植第一雌花节位 8～10 节,播种至初收 40～45 天,采收期 50～60 天;秋季第一雌花节位约 25 节,播种至初收 45～50 天。在夏季长日照条件下,可正常开花结果,但节位较高。

【适作茬口】　适宜早春和秋冬茬保护地栽培。

十八、春帅丝瓜

【品种来源】　由重庆市农业科学研究所育成的极早熟杂交品种。

【品种特性】　生长势强,分枝性强,叶片中等。第一雌花生于主蔓第五至第七节。连续结瓜能力强。果实长圆筒形,果皮绿色,有深绿色条纹,稀生白色短绒毛和横向较深的皱褶。瓜长 25～30 厘米,瓜粗 5 厘米左右,单瓜重 200～350 克。果肉厚,品质好,不易老。早期产量高,商品性好,经济效益好。日光温室早熟栽培 4 月底上市。

【适作茬口】 适宜早春和秋冬茬保护地栽培。

十九、永康白皮丝瓜

【品种来源】 浙江省永康市种子公司经多年系统选育而成的丝瓜新品系。

【品种特性】 植株蔓生,蔓长 4 米以上。叶片为掌状五裂单叶,叶片长、宽均 25 厘米左右。花黄色。商品嫩瓜外皮光滑雪白,瓜柄一端有 8~10 条细短的青筋,瓜长 30~45 厘米,横径 3~5 厘米,上下粗细均匀。单瓜重一般 250~550 克,瓜肉浅绿色,无筋,味甜质嫩,品质上乘。结瓜早,主蔓第五至第八节出现第一雌花,第十节左右结第一个瓜。结瓜性特别强,一般每隔 3~5 节结一个瓜。肥水条件好时,能连续 2~4 节每节结瓜。雌花授粉后 12~15 天,瓜粗达 3~5 厘米时可采摘上市。永康白皮丝瓜喜温、喜光、喜肥、喜水,宜选择在光照充分、水源充足、土壤较肥的地块栽种。

【适作茬口】 适宜早春和秋冬茬保护地栽培。

二十、浙丝 1 号

【品种来源】 由浙江省农业科学院园艺研究所育成。

【品种特性】 植株生长势强,侧枝多,结实率高。掌状裂叶,早熟,第一雌花着生于主蔓第五至第八节上,连续结瓜力强。果实长棒形,粗细一致,长 40 厘米左右,粗 4 厘米;果皮绿色,较光滑,皮薄,果肉浅绿色,肉质细嫩致密,品质好。单瓜重 300~500 克。种子黑色。从定植到始收 45 天左右,采收期长,耐热,耐涝。

【适作茬口】 适合早熟日光温室或露地栽培。

第三章 日光温室丝瓜育苗技术

一、丝瓜穴盘育苗技术

(一)穴盘选择

穴盘是按照一定的规格制成的带有许多小型圆形或方形孔穴的塑料盘,大小多为 52 厘米×28 厘米,盘上有 32、40、50、72、105、128、162、200、288 穴,小穴深度 3～10 厘米,塑料壁厚度为 0.85～1.05 毫米。丝瓜穴盘育苗宜选用 72、105、128 穴穴盘。

(二)基　质

穴盘育种时常采用轻型基质。可作为丝瓜育苗基质的材料有珍珠岩、蛭石、草炭土、炉灰渣、沙子、炭化稻壳、炭化玉米芯、发酵好的锯末、甘蔗渣、栽培食用菌废料等。这些基质可以单独使用,也可以几种混合使用。草炭系复合基质的比例是:草炭 30%～50%、蛭石 20%～30%、炉灰渣 20%～50%、珍珠岩 20%左右;非草炭系复合基质的比例是:棉籽壳 40%～80%、蛭石 20%～30%、糠醛渣 10%～20%、炉灰渣 20%、猪粪 10%。为了充分满足幼苗生长发育的营养需要,可以在基质中适当地加入复合肥 1～1.5 千克/米^3。

(三)消毒灭菌

1. 保护设施消毒灭菌　整个保护设施使用前要用高锰酸钾＋甲醛消毒,按 2 000 立方米温室标准,用 1.65 千克甲醛加入 8.4

升开水中,再加入1.65千克高锰酸钾,产生烟雾,封闭48小时后打开,散尽气味。

2. 拌料场地消毒灭菌 拌料场地使用前宜使用高锰酸钾2 000倍液或70%甲基硫菌灵可湿性粉剂1 000倍液喷洒灭菌。

3. 穴盘和用具消毒灭菌 穴盘和其他用具使用前要用高锰酸钾2 000倍液浸泡10分钟,再用清水冲洗干净,晾干。

4. 基质消毒灭菌 如果是首次使用的干净基质,一般可不消毒。重复使用的基质则最好进行消毒处理,一种方法是用0.1%～0.5%高锰酸钾溶液浸泡30分钟后,用清水洗净;另一种方法是用福尔马林100倍液,均匀喷洒在基质上,将基质堆起密闭2天后摊开,晾晒15天左右,等药味挥发后再使用。

(四)播 种

1. 用种量和种子质量 普通丝瓜每667平方米用种量为0.5～0.75千克,棱丝瓜每667平方米用种量为0.75～1.0千克。丝瓜种子的好坏直接关系到收获产量的高低及品质的好坏,进而关系到栽培经济效益的好坏,因而一定要保证种子的纯正和质量。

2. 种子选择 首先,选择种子要保证品种选择正确,不但要适合于本茬口栽培,而且要适合于本地区栽培。如果引种本地区没有种过的品种,一定要经过小面积的试种,表现好后再大面积推广。同时,要注意当地消费者对品种的要求。其次,播种前最好测验一下所购种子的发芽势和发芽率。简单的发芽势计算是丝瓜催芽3天内的种子发芽百分数。发芽势强的种子出苗迅速、整齐。发芽率是一定数量的种子中发芽种子的百分数。丝瓜一般是指催芽7天内种子的发芽百分数。发芽率达90%以上时才能符合播种要求。

3. 种子消毒 丝瓜种子表面甚至内部常常带有炭疽病、细菌性角斑病、枯萎病和疫病等多种病原菌,如果用带有病菌的种子播种,很有可能导致幼苗或成株发病。因此,播种前对种子消毒是十分必要的。

种子消毒的方法主要有以下 4 种:①温汤浸种。将选好的种子整理干净,投入 55℃～60℃ 的热水中烫种,热水量约为种子量的 4～5 倍,并不停地搅拌种子,当水温下降时,再加入热水,使水温始终保持在 55℃ 以上,浸 15 分钟后把种子从水中捞出,再放入 30℃ 温水中浸泡 4～6 小时,保证种子吸足水分,而后将种子反复搓洗,用清水冲净黏液后晾干再催芽。该消毒法对黑星病、炭疽病、病毒病和菌核病有效。注意浸种时在容器内放置一个温度计随时观察水温状况。②药剂浸种。把种子放入清水中浸泡 2～3 个小时,再把种子放入福尔马林 100 倍液或高锰酸钾 800 倍液中浸泡 20～25 分钟,浸泡后再用清水清洗干净后催芽,可防止丝瓜枯萎病和黑星病的发生。③恒温处理。把干种子置于 70℃ 恒温处处理 72 小时,经检查发芽率后浸种催芽,可防病毒病、细菌性角斑病危害。④生物菌剂拌种。先将种子浸湿或催芽露白后,每 200 克种子用益微菌剂(300 亿/克芽孢杆菌)20 克左右拌和、翻动数次,稍晾即可播种。此方法属于生物防治技术,以菌治菌,可防治苗期立枯病、猝倒病以及定植后的枯萎、根腐病等多种病原杂菌。以上消毒方法,可根据病害情况任选其中一种。

4. 催芽 将浸泡萌动的种子放在 0℃ 条件下处理 1～2 天,或将萌动的种子放在 -2℃～-4℃ 的环境下冷冻 2～3 小时,而后用凉水冲,再进行催芽。催芽时先放在 20℃ 下处理 2～3 小时,而后增温到 25℃ 下催芽,露白后播种。经过锻炼的种子,发芽粗壮,幼苗抗逆性能力增强。

5. 基质装盘 将备好的基质装入穴盘中,用刮平板从穴盘的一端向另一端刮平,使每个穴孔的基质都平而满。

6. 播种 用压穴器对准每个穴孔的中心位置均匀用力压下,使每个穴孔中央形成深 0.5 厘米的播种穴,逐盘压穴,逐穴播种,每穴播种一粒种子,种子位于播种穴中央。播种后覆盖,低温季节宜用蛭石覆盖,高温季节宜用珍珠岩覆盖。覆盖后再用刮平板刮平。将覆盖好的穴盘置于苗床上,浇透水。

(五)苗床管理

1. 温度管理 丝瓜种子发芽和苗期生长的最适温度和高产栽培要求的温度不完全相同。下面从丝瓜高产栽培的角度介绍丝瓜育苗阶段所需的适宜温度,供菜农朋友参考。

第一阶段:从播种至开始出苗,应控制较高的床温,以促进快出苗。一般床温为25℃～30℃,约2天左右就开始出苗。此期间苗床温度最低控制在12.7℃,最高在40℃。

第二阶段:从出苗至第一片真叶显露(即破心),应及时降温,控制在较低的温度,一般白天为20℃～22℃,夜间为12℃～15℃。避免温度过高,尤其是夜间温度偏高将使胚轴发生徒长,而成为"长脖苗"。

第三阶段:从破心至定植前7～10天,此期温度要适宜,白天保持在20℃～25℃,夜间保持在13℃～15℃,这样有利于雌花分化且降低雌花节位。

第四阶段:定植前7～10天进行低温锻炼,以提高丝瓜秧苗的适应能力和成活率。一般白天保持15℃～20℃,夜间保持10℃～12℃。

由于不同季节外界环境条件的限制,丝瓜育苗不可能都达到最适温度,所以应当采取各种有效措施,使苗床温度不要超出丝瓜所能承受的极限温度。冬季育苗,可通过铺地热线、日光温室内加盖小拱棚等措施,使苗床的夜温不低于10℃,短时间不低于8℃。夏季育苗,通过盖遮阳网等方法,使苗床的最高气温控制在35℃以内,短时间不超过40℃。

2. 光照管理 早熟栽培在低温、短日照、弱光时期育苗,光照不足是培育壮苗的限制因素。生产上可明显地看到：在光照充足的条件下，幼苗生长健壮，茎节粗短，叶片厚，叶色深，有光泽，雌花节位低且数目多；而在弱光下生长的幼苗，常常是瘦弱徒长的弱苗。

为增加光照，要经常保持覆盖物的清洁，草苫要早揭晚盖，日照时数控制在 8 小时左右。在温度满足需要的条件下，最好在早晨 8 时左右揭开草苫，下午 5 时左右盖上草苫。阴天也要正常地揭盖草苫，尽量增加光照的时间。如果连续阴雨天不揭开草苫，幼苗体内的养分只是消耗而没有光合产物的积累，会使幼苗发生黄化、徒长，甚至死亡。

3. 水分管理　苗期保持基质的湿度，有利于雌花的形成。要根据基质湿度、天气情况和秧苗大小来确定浇水量。穴孔内基质相对含水量一般在 $60\%\sim100\%$ 之间波动，不宜低于 60%，更不宜等到秧苗萎蔫再浇水。阴天和傍晚不宜浇水。

秧苗生长初期，基质不宜过湿，秧苗子叶展平前尽量少浇水，子叶展平后供水量宜少；晴天每天浇水、少量浇水和中量浇水交替进行，保持基质见干见湿。秧苗两叶一心后，交替进行中量浇水与大量浇水。需水量大时，可以每天浇透；出圃前 3 天，适当减少浇水。在遵循浇水原则的前提下，高温季节加大浇水量甚至每天浇 2 次水，低温季节浇水量减小。灌溉用水的温度宜在 20℃ 左右，低温季节水温低时应当先加温后浇施。每次浇水前应先将管道内温度过高或过低的水排放干净。

4. 施肥　如果配制基质时施入的肥料充足，整个苗期可不用施肥。如果发现幼苗叶片颜色变淡而出现缺肥症状时，可喷施少许质量有保证的磷酸二氢钾（如瑞士产的汽巴磷酸二氢钾），使用浓度为 500 倍液。在育苗过程中，切忌苗期过量追施氮肥，以免发生秧苗徒长而影响花芽分化。

高温季节育苗时，肥料浓度宜低些。自子叶展平开始施肥，氮肥浓度指标值为 70 毫克/千克,随着秧苗的生长逐渐增加浓度,至成苗时浓度值为 140 毫克/千克。低温季节育苗时,肥料浓度宜提高 1 倍。

(六)丝瓜壮苗标准

日光温室丝瓜栽培一般用中龄苗定植,苗期为 30～35 天,要求具 3～4 片真叶 1 心,叶片较大,呈深绿色;子叶健全,厚实肥大;株高 15 厘米左右,下胚轴长度不超过 6 厘米,茎粗 5～6 毫米;能见到雌花瓜纽,根系发达,较密、白色,没有病虫害。如果株高超过 17 厘米,茎粗小于 5 毫米,节间长,叶片薄而色淡,刺毛软,见不到瓜纽,根系稀疏,则为典型的徒长苗。如果株高低于 13 厘米,茎粗小于 5 毫米,叶片小而色深,节间很短,近生长点叶片抱团,瓜纽明显超过生长点,则为老化苗或僵苗。在定植时注意淘汰徒长苗、老化苗和僵苗。

(七)病虫害防治

主要病害是猝倒病、立枯病、霜霉病、病毒病;虫害为蚜虫、白粉虱。

1. 猝倒病、立枯病防治 播种前进行基质消毒,控制浇水,浇水后通风,以降低空气湿度。缓苗期夜温不得低于 10℃,发病初期喷洒百菌清或多菌灵或代森锌 800 倍液。

2. 疫病防治 播种前用福尔马林液进行种子处理,发病初期喷施百菌清 500 倍液或代森锌 1 000 倍液或波尔多液 2 000 倍液。

3. 病毒病防治 在夏季高温干旱的条件下,加上蚜虫的为害,易发生病毒病,播种前用 10% 磷酸三钠水溶液浸种 20 分钟,取出冲洗干净。苗期注意遮荫降温,保持土壤湿润。

4. 蚜虫防治 主要喷吡虫啉 1 500 倍液、啶虫脒 2 000 倍液,还可用灭蚜烟雾剂进行熏烟,效果比直接喷药好。

5. 白粉虱防治　可喷施扑虱灵(异丙威噻嗪酮)2 000倍液、烯定虫胺2 000倍液,还可用黄板诱蚜。

(八)采取多项措施促进丝瓜多形成雌花

丝瓜雌花出现的早迟和多少,直接影响着产量的高低,尤其是丝瓜雌花节位愈低,雌花开花愈多,早期产量就愈高。而丝瓜雌花的形成除与品种自身特性和营养状况有关外,在很大程度上受苗期温度、光照、水分、营养和气体以及植物生长调节剂等条件的制约。改善和调节好苗床小气候,是促进丝瓜多开雌花、多结瓜、早上市的重要措施。

1. 温度　丝瓜花芽分化时白天温度应保持25℃左右,以利于光合作用的进行,夜间将温度降至13℃～15℃,抑制呼吸消耗,以利于丝瓜体内营养物质的积累,能明显地增加雌花数量和降低节位;反之,夜间温度高,昼夜温差小,秧苗徒长,有利于雄花的形成。但夜间温度也不能降得太低,12℃以下的低温会使瓜苗生理失调,导致生长缓慢或停止生长。地温以18℃～20℃为宜。因此,苗期温度管理最好采用变温法。

2. 光照　丝瓜属短日照植物,缩短光照有利于早形成雌花,在降低夜间温度的同时缩短日照时数,可增加雌花数量和降低雌花节位。育苗期间给予8小时的光照对雌花的形成最为有利。每天给予5～6小时的光照虽有利于雌花的发育,但对丝瓜幼苗生长不利。12小时以上的长日照有利于雄花的形成。日光温室冬、春季育苗,每天光照只有8小时左右,同时夜间温度也较低,正符合雌花形成的条件。

3. 水分　丝瓜雌花分化要求较高的空气湿度和基质湿度,基质和空气相对湿润有利于形成雌花,而干旱则有利于雄花的形成。基质和空气湿度在80%时,有利于雌花的形成,过高或过低都会减少雌花的数量。

4. 营养 基质肥沃,氮、磷、钾配合适当,多施磷肥可降低雌花节位,多形成雌花;而钾肥能促进雄花的形成,钾肥不能多施,要适量。

5. 气体 大气中氧的平均含量为 20.97 毫升/米^3,基质内氧的含量因各种性状的不同而不同。丝瓜要求基质透气性良好,不耐基质 2% 以下的含氧量,含氧量以 10% 左右为宜。因此,丝瓜需要多施有机肥料。在基质过湿或板结的情况下,基质呈还原状态,会形成有毒物质,影响根系的活动,病害也容易发生,因此要注意基质的排水和中耕。

基质中二氧化碳的含量和氧相反,浅层要比深层内含量少。空气中二氧化碳的含量为 300 毫升/米^3,在苗期增加空气中二氧化碳的浓度,不仅可抑制瓜苗的呼吸作用,还可提高光合效率,有利于雌花的形成。如果二氧化碳含量增至 1 500~2 000 毫升/米^{3}以上时,丝瓜叶的同化量便会大大提高。因为温室内空气中二氧化碳的含量远远不能满足丝瓜光合作用的需要,应该设法加以补充。增施充分腐熟的有机肥料,或在有保护设施的条件下增施二氧化碳气肥以及加强通风等,均可增加二氧化碳浓度。

6. 植物生长调节剂 对丝瓜性型有影响的植物生长调节剂有乙烯利、萘乙酸、2,4-D、吲哚乙酸、矮壮素等,它们都有促进雌花分化的作用。乙烯利在生产上较为多用。当育苗条件不利于雌花形成时,用乙烯利处理效果明显。但是乙烯利有抑制生长的作用,使用时应慎重。冬春茬育苗时,因昼夜温差大,日照较短,对雌花形成有利,一般不需用乙烯利处理。秋丝瓜育苗时,因温度高,日照长,昼夜温差小,可在第一片真叶展开后,喷施 150~200 毫克/千克的乙烯利溶液,可增加雌花数量和降低雌花节位。

上述温、光、水、气等的小气候调节,应在子叶展开后的 40 天内进行,尤以幼苗子叶展开后的 10~30 天内处理效果最好。如处理过迟,雌、雄花型已定,就起不到促进早开、多开雌花的作用。

总之,要想在育苗期间多孕育雌花,并使之节位下降,为早熟、丰产打下良好的基础,必须根据上述条件,采取相应的配套措施,这是培育壮苗、获得早产高产的关键。

(九)正确识别与预防丝瓜"戴帽"苗

丝瓜育苗时经常出现"戴帽"出土现象。"戴帽"苗易形成弱苗,影响苗子质量。

1. 症状识别 丝瓜苗子出土后子叶上的种皮不脱落,俗称"戴帽"。秧苗子叶期的光合作用主要是由子叶来进行的,苗子"戴帽"使子叶被种皮夹住不能张开,因而会直接影响子叶的光合作用,还会使子叶受伤,造成幼苗生长不良或形成弱苗。这样的苗子定植后对后期植株的生长发育也有影响。

2. 发生原因 苗子"戴帽"是由多种原因造成的。如种皮干燥,或基质太干燥,易导致种皮变干;出苗后过早揭掉覆盖物或在晴天揭膜,易导致种皮在脱落前已经变干;种子秕瘪,生活力弱等,均易造成苗子"戴帽"。

3. 防治措施 不能播干种,要进行浸种处理,播种深度要均匀一致;加盖薄膜以保湿,使种子从发芽到出苗期间保持湿润状态;幼苗刚出土时,如果基质过干要立即用喷壶洒水;一旦发现"戴帽"苗,要立即人工摘除。

二、丝瓜穴盘嫁接育苗技术

(一)丝瓜嫁接育苗的意义

如果在保护地内连作丝瓜,必须采用嫁接育苗法培育非自根苗。可用云南黑籽、台湾白果黑籽等砧用南瓜或台湾双依砧用丝瓜品种为根砧,以选用的丝瓜品种为接穗进行嫁接,培育成嫁接壮苗。栽培嫁接丝瓜苗的主要好处有以下4个方面。

1. 嫁接丝瓜抗病性显著增强　由于砧木根系对危害丝瓜的枯萎病、疫病有很强的抗性,因而嫁接丝瓜苗发病率大大降低。

2. 嫁接丝瓜抗逆性增强　南瓜在土温为8℃左右时能生长新根,而丝瓜对地温较敏感,丝瓜根系发育最适温度为25℃～30℃,低于12℃就不能正常生长,所以嫁接丝瓜耐低温能力显著增强,冬、春季可比自根丝瓜早定植。此外,嫁接丝瓜的耐酸性、耐盐性、耐旱性和耐寒性均强于自根苗丝瓜。

3. 嫁接丝瓜根系发达　嫁接丝瓜根系吸收能力强,植株生长健壮,同化能力强。

4. 嫁接丝瓜产量高、效益好　由于嫁接丝瓜具有抗病、抗逆性强的特点,故可以早定植、早收获,而且可以延长采收期,产量和效益均明显高于自根丝瓜,故在冬春茬丝瓜栽培上得到广泛应用。

(二)嫁接育苗对砧木的要求

丝瓜嫁接栽培技术主要应用于日光温室丝瓜防病和耐低温栽培中,要求所用嫁接砧木不仅抗病性能好,而且不能降低丝瓜果实的品质。其具体要求有如下5点:①高抗丝瓜土传病害。要求所用砧木高抗丝瓜枯萎病、疫病等,并且抗病性稳定,不因栽培时期以及环境条件变化而发生改变。②根系发达,入土深,吸收范围广;耐肥水、耐旱能力强,抵抗低温能力强。③与丝瓜的嫁接亲和力和共生力强而且稳定,嫁接苗成活率不低于90%,并且嫁接苗定植后生长稳定,不出现中途夭折现象。④不改变瓜的形状和品质。要求所用砧木品种与丝瓜嫁接后不改变瓜的形状和颜色,不出现畸形瓜。⑤不减弱植株的生长势,也不造成植株徒长。

(三)常用的砧木品种

1. 黑籽南瓜　根系强大,茎圆形,分枝性强。

2. 特选新土佐砧木 从日本引进的杂交一代南瓜(笋瓜与中国南瓜的种间杂交种),生长势、吸肥力以及与丝瓜的亲和力均很强,耐热、耐湿、耐旱,低温生长性强,抗枯萎病等土传病害。适应性广,苗期生长快,育苗期短,胚轴特别粗壮。很少发生因嫁接而引起的急性凋萎,能提早成熟和增加产量,比自根苗减少氮肥施用量30%。

3. 双依丝瓜 由台湾农友种苗公司培育。双依丝瓜不但亲和性良好,而且抗根结线虫能力强,丝瓜嫁接后生长强旺,结果早而多。双依丝瓜专作嫁接根砧之用,不可食用。双依丝瓜起源于亚洲南部热带多雨地区,它不仅根系发达,耐高温能力强,而且是瓜类中最耐潮湿的一种。

(四)穴盘的选择

丝瓜嫁接育苗选用标准穴盘。砧木播种选择 72 孔穴盘,接穗播种选择 128 孔穴盘。

(五)基 质

参阅丝瓜穴盘育苗技术中对基质的要求。

(六)嫁接方法

丝瓜嫁接育苗所用的嫁接方法有靠接法、插接法和劈接法等。穴盘嫁接育苗多用插接法。其具体方法是:先取砧木苗去掉其生长点,用一根光滑竹签从砧木子叶基部的一侧向胚轴中斜插其尖端,至顶住砧木下胚轴的表皮为止。竹签插入砧木内的长度一般控制在 0.5～0.7 厘米。削接穗时,用左手托住丝瓜苗的两片子叶,将下胚轴拉直,右手拿刀片,从丝瓜子叶下 1 厘米处呈 30°角斜削一刀,把下胚轴大部分及根削掉,使接穗的下胚轴上的斜切面为 0.5～0.7 厘米长。随即从砧木中拔出竹签,将接穗的切面向下插入砧木顶心的小孔中,使两者切口密切结合,并使接穗与砧木的子叶着生的方向呈十字形(图 3-1)。

插接法嫁接丝瓜须注意的是:砧木南瓜的播种日期可比丝瓜的播种日期提前 3～5 天,南瓜播种的种子粒距为 4 厘米左右,不能播得太密,以防止出现高脚苗。丝瓜种子的粒距为 1～2 厘米。嫁接适宜形态为丝瓜苗子叶展平、砧木苗第一片真叶长到五分硬币大,一般在南瓜播后 12～13 天进行。

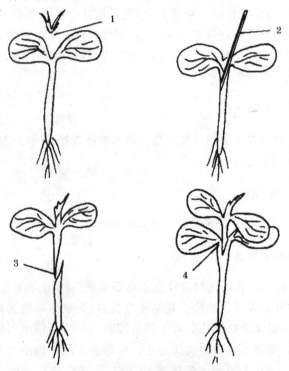

图 3-1 丝瓜插接过程
1. 去掉砧木顶芽 2. 斜向插入竹签 3. 削切丝瓜接穗 4. 插上接穗

(七)嫁接苗管理

嫁接苗成活率的高低与嫁接后的管理技术有密切的关系。丝瓜嫁接苗管理的重点是为嫁接苗创造适宜的温度、湿度、光照及通气条件，以加速接口的愈合和幼苗的生长。

1. 保温　嫁接苗伤口愈合的适宜温度为25℃左右,接口在低温条件下愈合得很慢,将影响其成活率。因此,幼苗嫁接后应立即放入拱棚内,苗子排满一段后要及时将薄膜的四周压严,以利于保温、保湿。苗床温度的控制,一般嫁接后3～5天内,白天保持24℃～26℃,不超过27℃;夜间保持18℃～20℃,不低于15℃。3～5天以后,开始通风,并逐渐降低温度;白天可降至22℃～24℃,夜间降至12℃～15℃。

2. 保湿　如果嫁接苗床的空气湿度比较低,接穗易失水引起凋萎,会严重影响嫁接苗成活率。因此,保持湿度是关系到嫁接成败的关键。嫁接后3～5天内,小拱棚内空气相对湿度要控制在85%～95%,但营养钵内土壤湿度不要过高,以免造成烂苗。

3. 遮光　在棚外覆盖稀疏的草苫或遮阳网,避免阳光直接照射秧苗而引起接穗萎蔫,夜间还可起到保温作用。在温度较低的条件下,应适当多见光,以促进伤口愈合;温度过高时适当遮光。一般嫁接后2～3天可早晚揭除草苫以接受弱的散射光,中午前后覆盖草苫遮光。以后逐渐增加见光时间,1周后可不再遮光。

4. 通风　嫁接后3～5天,嫁接苗开始生长时可开始通风。开始通风口要小,以后逐渐增大,通风时间也随之逐渐延长,一般9～10天后即可进行大通风。开始通风后,要注意观察苗情,发现萎蔫要及时遮荫喷水和停止通风,避免因通风过急或时间过长而造成秧苗萎蔫。

5. 抹芽　砧木切除生长点后,会促进不定芽的萌发,如不及时除去,将会影响接穗养分与水分的供应。摘除不定芽约在嫁接后1周开始进行,每2~3天摘除1次。

另外,要注意经常观察接穗是否保持新鲜、是否有明显的失水现象等;幼苗成活后要进行大温差锻炼,使幼苗生长健壮;及时去掉砧木侧芽,防止其与接穗争夺养分而影响接穗的成活。

三、丝瓜泥炭营养块育苗技术

(一)泥炭育苗营养块的突出优点

1. 无菌无害,无病虫卵　泥炭是沼泽草本植物遗体在高湿厌氧的环境中经长期堆积不完全分解而成的富含水分、有机质、腐殖酸、多元缓释养分的松软地质体,无菌无害,不含病虫卵,克服了传统育苗老园土携带病菌、虫卵等引起土传病虫害的缺点,还可减少草害的发生,极大地减少了苗期管理中防治病虫害的劳动强度和财力、物力的投入。

2. 有利于幼苗的健壮生长　泥炭本身富含营养,制作育苗块时又加入了多种营养,可满足蔬菜幼苗对养分的需求,保证了幼苗健壮生长。有关资料显示,用泥炭营养块育出的丝瓜苗茎粗增加20%~22%,根数增加20%~30%,根干重增加40%~50%,叶面积增加10%~12%,从而提高了幼苗的抗逆性,有利于培育壮苗。

3. 养分供应时间长,管理幼苗省工省时　营养块中含大量的有机质、腐殖酸和多种缓释营养元素,其养分供应可达70~80天。同时,其幼苗管理极为简便,只需要按时补水即可,无须施肥。

4. 定植后无须缓苗,产品提前上市,增产增收　幼苗营养块可直接定植,不伤根,无须缓苗就可直接进入旺盛生长阶段。试验表明,其产品可提早7~15天成熟,平均增产20%~30%。

5. 改良土壤,培肥地力　泥炭中含有丰富的有机质、腐殖酸、纤维素和氮、磷、钾及多种微量元素,有较强的吸附性,能平衡土壤中盐分含量,调节 pH 值,有良好的离子交换能力。带营养块定植可提高土壤中有益菌群的数量,增加土壤有机质,提高土壤肥力,改善土壤理化性状。

(二)育苗方法

采用泥炭营养块育苗是一种新型的育苗方式,有别于传统的育苗方式,只有正确掌握以下育苗方法,才能达到预期目的。

1. 种子处理 播前将种子晾晒 2 天,提前 1～2 天浸种催芽。待种子露白后播种。

2. 做畦铺膜 播前 1 天在育苗地做畦,畦高 5～7 厘米,畦宽1.2 米,长度据播种数量而定,将畦面整平压实,上铺农用薄膜,防止水分渗漏、外流和根系下扎。

3. 摆营养块,浇透水 在畦面的农膜上,按播种的数量整齐摆放育苗营养块(选用圆形小孔 40 克营养块),按每 100 个育苗营养块吸水 15 升浇水,分 2～3 次浇完,以便于营养块充分吸收。吸水后营养块迅速膨胀、疏松,用竹签扎刺营养块,如有硬心则需继续浇水,直至营养块全部吸水膨胀为止。

4. 播种覆盖 营养块吸水膨胀的第二天,在每个营养块的播种穴里播 1 粒露白的种子,上覆 1～2 厘米厚的专用覆种土,无须按压,育苗块间隙不必填土,以保持通气透水,防止根系外扩。

5. 苗期管理 播种后不要移动、按压营养块,避免其破碎,2天后营养块即会固结一体、恢复强度,方可移动。视营养块的干湿和幼苗的生长情况及时补水,防止缺水烧苗。整个苗期只浇水无须施肥。定植前 3～4 天停水炼苗,定植时将营养块一起定植,在营养块上面覆土 2～3 厘米厚,栽后浇透水。

(三)注意事项

一是定植时应把营养块全部埋在土中,上面至少盖土 2～3 厘米厚,定植后应浇透水。

二是老龄棚室病害较多的土壤应在定植穴内适当加入杀菌剂,以防止病菌侵染。

三是达到苗龄应及时定植,如不能按期定植,应采取措施防止出现根系老化和脱肥现象。

第四章 日光温室丝瓜多茬次栽培技术

一、冬春茬

利用日光温室在秋季育苗,初冬定植于日光温室,将开花结瓜期安排在春节前后的季节里,这种方式是难度最大、效益最好的一种栽培方式。此茬结果时间一般从当年的 11 月底至翌年的 5 月份,结瓜时间长,上市期正值冬春季缺菜时期,价格高,经济效益可观。

(一)生育期间的环境特点及主攻方向

在秋末气温开始下降时开始育苗(一般在 8 月中旬至 9 月下旬),育苗期温度和光照比较适宜,容易成功。定植后气温开始下降,光照逐渐减弱,对植株生长十分不利。因此,首先温室结构必须合理,保温效果好;其次,要按严格科学的技术管理措施管理,才能在不良的气候条件下,维持丝瓜的缓慢生长。

丝瓜适应温暖、湿润的环境条件,冬春茬丝瓜生产必须采用合理的日光温室设施。根据冬春季节的气候特点,日光温室必须有最好的采光屋面角度和最好的保温性能。寿光市菜农多采用保温性极好的半地下式日光温室,这种设施的采光屋面角度为23°～30°,后墙和山墙的厚度在 2 米以上,覆盖无滴性好、透光率高、耐低温性能强的优质薄膜,具有良好的保温、贮热功能。

(二)育 苗

1. 品种的选择 冬春茬丝瓜目前都是采用嫁接苗栽植,其中对接穗的品种要求严格,须在低温和弱光下能正常结瓜;同时还要耐高温和耐高湿,在高温和高湿条件下结瓜能力强。此外,要求品种抗病性好,对日光温室环境的适应能力强,对管理条件要求不严,幼苗受意外伤害后恢复能力要好。

2. 确定适宜播种期 丝瓜从播种至始收商品嫩瓜所用天数多少因品种熟性而异,一般早熟和早中熟品种为80~90天,晚中熟和晚熟品种为100~110天。要使日光温室冬春茬丝瓜于12月中旬始收商品嫩瓜,元旦至春节期间能大量供应市场,其适宜的播种期为:早熟和早中熟品种,如济南棱丝瓜、夏棠1号丝瓜、三喜丝瓜、夏优丝瓜、丰抗丝瓜等,应于9月上旬播种;晚熟和晚中熟品种,如武汉白玉霜丝瓜、四川线丝瓜、广东青皮丝瓜、广东八棱丝瓜、乌皮丝瓜、粤农双青丝瓜等应于8月中旬播种。如果在10月下旬播种,即使采用早熟品种,到春节时刚进入采收嫩瓜期,因产量少,不能以大量商品嫩瓜应市,经济效益显著比早播种的低,故丝瓜高产高效益栽培必须确定适宜的播种期。

3. 育苗应掌握的要点 根据需要培育相应苗龄的自根苗或嫁接苗。具体方法参阅第三章日光温室丝瓜育苗技术。

(三)定 植

1. 定植前施基肥、整地 丝瓜主根入土较深、侧根多分布于0~30厘米土层,又喜有机肥料,所以定植前日光温室内要深翻地晒垡、熟化土壤和重施基肥,一般翻地30~35厘米深,每667平方米施充分发酵腐熟的鸡粪3 000~4 000千克、猪马圈肥6 000~7 000千克、过磷酸钙80~100千克、草木灰100千克左右、尿素20~30千克,结合深翻地把肥料施入整个耕作层,使耕作层肥力充足而疏松。对于5年以上的老龄日光温室,应增施100~150千克微生物肥。如果温室中根结线虫等土传病害严重发生,在定植前20~30天须用药剂处理土壤,可用石灰氮法处理土壤进行消毒。

2. 喷药、高温闷棚和灭菌消毒　在定植前 12～15 天施肥深翻地后，随即对温室内的所有面喷药灭菌，一般喷洒 5％菌毒清 100～150 倍液，每 667 平方米日光温室的内面喷药水 100～150 千克。然后密封日光温室，高温闷棚消毒 3～5 天，晴天中午前后温室内温度可达 60℃～70℃。

3. 起垄、开穴定植，"窝里放炮"施饼肥　丝瓜栽培，因整枝、架式不同而行、株距有异，密度也不同。日光温室反季栽培丝瓜，因温室内设有拴吊架的东西向拉紧钢丝，所以宜采取整枝留单蔓吊架，高度密植。多采取 180 厘米宽的南北向起垄，每垄定植 2 行，小行距在垄背，为 60～70 厘米；大行距跨垄沟，为 110～120 厘米（垄沟宽 40～50 厘米），平均行距为 90 厘米。株距 37 厘米，每 667 平方米栽植密度为 2 000 株左右。垄面呈弓形，垄沟至垄面的垂直高度约为 20 厘米。取苗时要求土坨完整，以减轻伤根。定植时开大窝，"窝里放炮"施饼肥，即每埯施充分腐熟的豆饼 100 克左右，并使其与埯内土壤充分混合均匀，然后栽苗，留埯窝，浇水后再全封埯，使土埋苗坨而不埋子叶节。全棚定植完毕，覆盖幅宽为 1.8～2 米的地膜，然后于膜下沟内浇足定植水。

4. 小苗定植　冬春茬丝瓜一般育苗时间安排在 9 月下旬，小苗苗龄为 30 天左右，至 10 月下旬时定植。定植后温室环境须有 40 天左右的适宜条件。进入 12 月中旬时，外界气温比较寒冷，光照相对很弱，植株生长自然受到抑制，营养生长速度减慢。大苗移栽后 40 天，秧子长出十几片叶，即开花结瓜，到环境不适应时，植株生长量太小。植株小，制造的营养也少，很难维持连续结瓜，会造成营养不良化瓜。小苗定植后，营养生长势强，在环境条件较适宜的时间内，植株生长量较大；至外界进入低温寡照时期，生长受抑制后，生殖生长自然开始，这时植株叶面积较大，虽然不能大量结瓜，但是叶面积大，营养制造相应较多，结瓜后能使果实缓慢生长，形成高价格的低产运行。光照、温度开始回升时，就能进入产量高峰期,总产量和效益都比较可观。

根据生产经验,小苗移栽的标准一般以 4 片叶,总叶面积为 120 平方厘米,株高 13～15 厘米,叶片深绿色,根系发达,幼苗下胚轴 0.3 厘米,无病虫害,日历苗龄约 30 天为宜。定植时,先平整土地,按 80 厘米行距开沟,施肥后锄匀,顺沟浇小水,把沟封成垄,垄高 15 厘米、宽 25 厘米。由于越冬期间光照弱,为使植株有较多的光照,定植的密度比早春小,按 45～50 厘米株距定植,一般每 667 平方米定植 1 700～1 800 株。定植后,两垄覆盖一块地膜,隔一人作业道再继续盖 2 垄。冬季只在地膜下浇水,作业道不浇水,这样可减少空间湿度,又能保持较高地温,菜农称为膜下"暗浇水"。定植后,密闭棚膜升温,不超过 35℃不通风,以促进地温上升,加速生根、缓苗。3 天后缓苗结束时,开始进入正常温度管理,白天保持 28℃～30℃,夜间保持 15℃～17℃。

(四)定植后的管理

1. 环境调控　丝瓜喜强光、耐热、耐湿、怕寒冷,为防止低温寒流侵袭,对反季节栽培的冬春茬丝瓜必须及时做好光照、温度调节。在当地初霜期之前半个月要把日光温室的棚膜、草苫盖好,并注意收听本地区天气预报,遇有寒流霜冻要提前关闭日光温室的通风门和覆盖草苫,使温室内夜间最低气温不低于 12℃,白天气温不低于 20℃。

冬春茬日光温室丝瓜伸蔓前期正处在日照短、光照强度较弱、外界气候已寒冷的冬季,光照不足,有利于促进植株加快发育,花芽早分化形成,降低雌花着生节位,增加雌花数量。但从伸蔓到开花坐果这一生育阶段来说,则需要较长的日照、较高温度、强光照,才能促进植株营养生长和开花结果。因此,此期管理上要适当早揭晚盖草苫,相对增加采光时间;张挂镀铝聚酯反光幕,以增加栽培床上的反射光照;在连续阴、雪、雨天气要采用阳光灯增加温室内光照强度;白天缩短通风时间,以减少通风量,夜间加强覆盖保温。通过上述增光、增温和保温措施,使温室内的光照时间最短不短于每天 8 小时,昼温保持 20℃～28℃,夜温保持 12℃～18℃;凌晨温室内短时间最低气温不低于 10℃。注意昼温不可过高,过高易造成植株徒长,延迟开花结果。

冬春茬丝瓜进入持续开花结瓜盛期,植株也进入营养生长和生殖生长同时并进的"双旺"阶段。该阶段植株生长发育需要强光、长日照和 8℃～10℃的昼夜温差。该生产季节从 12 月下旬开始,经过冬、春、夏三季,直到秋季的 9 月份,持续结瓜盛期长达270 余天。在光、温管理上,应加强冬、春季的增光、增温和保温,尤其特别注意加强 1～2 月份的光照和湿度管理,使温室内白天保持 24℃～30℃,最高不超过 32℃;夜间保持 12℃～18℃,凌晨短时最低气温不低于 10℃;遇到强寒流天气时,温室内绝对最低气温不能低于 8℃。由于丝瓜耐湿力强,同时为了保温,可减少通风排湿次数和通风量。

进入 3～4 月份,随着日照时间延长和光照强度增大,上午揭草苫后,棚温上升快,至上午 11 时棚温可达 30℃以上,要注意及时通风降温。晴天既可开天窗,又可开前窗(揭开前檐下的底脚膜),长时间通风,使棚温不高于 32℃。

进入 5 月份后,日光温室要撩起檐下前窗膜和大开天窗,实行昼夜通风,使温室内气温与外界的昼夜气温基本相同,中午前后的最高气温可略高于外界。为了防止有翅蚜虫和白粉虱借日光温室通风之机从通风窗口迁入温室内,可于天窗和前窗等所有通风门设置避虫网(25～40 目的尼龙纱网)。

2. 肥水管理　从定植至开花始期,丝瓜株体较小,需水需肥量少。在定植前施足基肥、定植时又"窝里放炮"施饼肥的情况下,一般不需追肥;在灌足定植水、有地膜覆盖保墒的情况下,不需要勤浇水,一般浇 1～2 次水即可。

　　进入持续开花结瓜期后,植株营养生长和生殖生长均进入旺盛期,株体逐渐增大,产瓜量增加,耗水耗肥量也逐渐增大。为满足丝瓜高产栽培对水、肥的需求,浇水和追肥间隔时间逐渐缩短,浇水量和追肥量亦应相应增加。在持续开花结瓜盛期的前期(12月中下旬至翌年 1～2 月份),每采收两茬嫩瓜(即间隔 20～25 天)浇 1 次水,并随浇水冲施腐熟的鸡粪和人粪稀,每 667 平方米温室冲施 500～600 千克,或冲施腐殖酸复混肥或生物有机复混蔬菜专用肥或硫酸钾有机瓜菜肥 10～12 千克。每天上午 9～11 时在温室内释放二氧化碳气肥。在 3～5 月份冬春茬丝瓜持续结瓜盛期中期,要冲施速效肥和叶面喷施速效肥交替进行,即每 10 天左右浇 1 次水,每次浇水要冲施速效氮、钾、钙复合肥或有机速效复合肥,如高钾钙宝、氢基酸钾氮钙复合肥。一般每次每 667 平方米冲施 10～12 千克。同时,每 10 天左右叶面喷施 1 次速效叶面肥,如氨基酸复合高效液肥等速效肥。为预防病毒病发生,还应对叶面喷施绿芬威 1 号、绿芬威 3 号、高钾钙宝等复合肥,或活力素、稀土叶面肥等增产剂。在 6～8 月份丝瓜持续结瓜盛期的后期,在继续覆盖棚膜避雨的情况下,一般每 7～10 天浇 1 次水。为防止植株早衰,除每次膜下浇水冲施速效氮、钾肥外,还要对大行进行中耕,破除土壤板结后追肥,其具体做法是:在浇水前折起垄沟处的地膜边,用镢头将大行间刨深 5～8 厘米,在大行内均匀撒施氮磷钾三元复合化肥,每 667 平方米撒施 12～15 千克,或磷酸二氢钾和尿素各 6～8 千克。每 667 平方米再用强力壮根剂 200 毫升对水50～60 升,喷洒于大行地面,然后将折在两边的地膜展开重新覆盖好大行间,于膜下沟内浇水。此项中耕追肥措施宜于 6 月上中旬和 7 月中下旬隔 40 天实施 1 次,能促进植株重发大量新根,生育健壮,不早衰。

3. 植株调整

(1) 吊架　当丝瓜主蔓伸长到 20~30 厘米时,应设架进行人工引蔓上架。寿光市日光温室内设有专供吊架用的东西向拉紧钢丝(24 号或 26 号钢丝)三道,在东西向拉紧吊架钢丝上,按温室上南北向丝瓜行的行距,设置上顺行吊架铁丝(一般用 14 号铁丝)。在顺行吊架铁丝上,按本行中的株距挂上垂至近地面的尼龙绳作吊绳。吊绳的下端拴在深插于植株之间的短竹竿上,短竹竿地上高度为 20~30 厘米。人工引蔓上吊架时,将丝瓜蔓轻轻地松绑于吊蔓绳上即可。吊架的主要好处是:可通过移动套拴于东西向拉紧吊架钢丝上的吊架铁丝相邻之间的距离,以调节吊架茎蔓的行距大小;也可通过移动吊架铁丝上的吊绳相邻之间距离,以调节吊蔓株距大小,这样可使茎叶分布均匀,充分利用空间和改善行间、株间透光条件,还便于"之"字形吊架和降蔓落蔓。因此,该方法适宜用于温室保护地丝瓜高度密植、单蔓整枝、架蔓立体高产栽培。

(2) 整枝调蔓　丝瓜的主蔓和侧蔓都能结瓜。日光温室保护地栽培越冬茬丝瓜,在高度密植条件下,宜采取留单蔓整枝。在结瓜前和持续开花坐瓜初期,要及时抹掉主蔓叶腋间的腋芽,不留侧蔓,每株留 1 根主蔓上吊架。

在持续开花结瓜盛期的中期,除利用主蔓结瓜外,还可留 2~3 节的短侧蔓结瓜,即在侧枝上留 1 个瓜,瓜后保留 1 叶打去顶心,使全株所有的侧蔓都各留 1 个瓜。

在持续开花结瓜盛期的后期,只将瘦弱的侧枝及早抹去,保护主蔓和保留生长良好的侧蔓生长,让其结嫩瓜 2~3 个后再摘心,使同一植株上几条侧蔓与主蔓同时结瓜。

日光温室丝瓜在人工引蔓上吊架时,要使瓜蔓在吊绳上呈"S"字形,以降低生长高度,推迟满架到顶和降蔓落蔓的间隔时间。当瓜蔓爬满吊绳,蔓顶达顺行吊绳铁丝时,应解绑降蔓,降蔓时还应剪断缠绕在绳上或缠绕在其他蔓上的卷须,摘除下部老蔓上的老、黄、残叶清出棚外,把蔓降落,使老蔓部分盘置于小行间本株附近的地膜之上。同时对植株上部具有绿色功能的茎蔓、叶片、花果精心保护,再以"S"字形绑引在吊绳上。使植株持续生长、开花结瓜。日光温室冬春茬丝瓜的持续结果期长达8~9个月,一般需降蔓盘蔓3~4次。最后一个月(即拔秧前一个月)让主蔓、侧蔓任意攀缘生长,不再施行"S"字形绑架,也不再对侧蔓打顶心。在整个丝瓜的生育期中,要结合丝瓜理蔓、采收,将老叶、病叶、弱叶以及过分密集的叶片剪去。

(3)疏除雄花   丝瓜为雌雄同株异花授粉作物,雌花一花一果,从现蕾至果实正常采收需15天左右。雄花为无限生长的总状花序,每个花序开放20~35朵花,每个植株雄花总数多于雌花数倍至数十倍,授粉能力大大超过了需要。由于雄花序花期较长,为30~40天,相当于雌花结果期的3~4倍时间,在此期间要消耗大量的养分,因此应尽早疏除多余的雄花序以节省养分,供给雌花结果的需要。疏除雄花的方法是:从雌花现蕾开始,将每株丝瓜植株上的雄花序摘除80%,保留20%即可满足授粉需要。

(4)摘除卷须   卷须在蔓生作物中起着攀附和固定枝蔓的作用。丝瓜卷须从发生至枯萎死亡的时间较长,而且数量多,消耗养分较多,不利于多结瓜、结好瓜。采用人工绑缚的,摘除卷须之后卷须已失去利用价值,反而有利于管理,并减少营养的消耗。除须的方法是:在丝瓜植株生长初期,就可采取边除须边绑缚的办法进行吊蔓栽培;枝蔓在吊绳上分布均匀和固定后,随着整蔓管理随时将卷须摘除即可。

(5)落蔓   落蔓是丝瓜生产改善光照、延长生长周期、实现优质高产的重要技术措施之一,在保护地栽培中尤为重要。落蔓可以使丝瓜生长势强、结果周期长,使吊架栽培的中晚熟丝瓜品种获得良好的采光条件,改善采光位置,提高光合效率,实现优质高产,同时方便了耕作。

待植株生长点接近棚顶时,除去下部黄老、病叶;无叶茎蔓距地面 30 厘米以上时可落蔓。落蔓一般选在晴暖天气午后进行,切勿在早晨、上午、傍晚及浇水后落蔓,以避免和减少落蔓导致的伤茎。

落蔓前的准备工作包括以下两项:①控水。落蔓前 10 天以上不要浇水,以降低茎蔓含水量,增强其韧性。②除去病叶病果。落蔓前应把茎蔓下部的老黄叶和病叶去掉,带到温室外面深埋或焚烧;该部位的果实也要全部摘除,避免落蔓后叶片和果实在潮湿地面上发病,形成新病源。

落蔓要求做到以下 3 点:①松绑绕蔓。将缠绕茎蔓的吊绳松下,顺势把空蔓落于地面,不能生拉硬拽。盘蔓时要朝同一方向逐步盘绕于栽培垄两侧。注意要自然打弯,不要强行或反向打弯,以免扭断或折断茎蔓。②茎细时,落蔓间隔时间短,绕圈小;茎粗后,间隔可稍长,绕圈大一些。③留叶数和株高。保持有叶茎蔓距垄面 15 厘米左右,每株保持功能叶 13～15 片,株高距棚面 0.8 米(棚南)至 1.5 米(棚北),保证叶片分布均匀、采光良好(图 4-1)。

落蔓后的管理工作包括以下 4 项:①温度管理。落蔓后的几天里,应适当提高日光温室内的温度,以利于茎蔓伤口愈合。②防病。落蔓后根据品种类型及常见病害,及时选择对应药剂喷洒预防。③加强肥水管理。落蔓只是降低了植株的结果部位,却无法缩短结果位置与根系的实际距离,加之茎蔓粗壮,如肥水供应不足,便会导致结果质量变差,因此,要保证落蔓后结果品质,应加强肥水供应,满足植株的生育需求。④整枝。落蔓后,茎蔓下部长出的侧枝要及时抹掉,以保证主蔓的营养供应。其他管理工作按照正常管理进行。

4. 保花保果　丝瓜属异花授粉作物,日光温室保护地反季节栽培必须进行人工授粉或使用植物生长调节剂,以弥补传粉不足,保证正常结果。常用的保花保果措施包括以下 3 项。

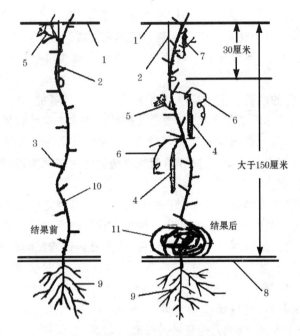

图 4-1 丝瓜吊蔓落蔓示意
1.铁丝 2.吊绳 3.叶片 4.果实 5.雄花 6.卷须 7.雌花瓜胎
8.栽培垄面 9.根系 10.丝瓜蔓 11.盘绕于栽培垄两侧的蔓

(1)人工授粉 在冬春寒冷期,外界无蜂类等通过通风口进入日光温室内,日光温室内媒介昆虫极少,单靠蚂蚁传粉无济于事。即使在夏、秋季节,因为要防止丝瓜的大敌——白粉虱迁入日光温室内为害,日光温室的通风口都设置有避虫网(25～40目的尼龙纱网),外界的蜂类等媒介昆虫不能迁入日光温室内,因此必须进行人工授粉。丝瓜人工授粉的关键技术是掌握好授粉时间和保证采摘的雄花质量。棱丝瓜开花的时间在傍晚至翌日上午10时,人工授粉的良好时机是傍晚至翌日上午9时之前。普通丝瓜开花时间为3～12时,授粉的良好时机是在上午6～11时。授粉时要选择采摘花瓣大、花色嫩艳、雄蕊发达、花药散出的花粉粒多、刚开放的雄花，对着雌花，使花粉粒粘在已分泌出黏液的柱头上。如授粉时间过早或过晚，或授的花粉不充分，均会降低坐瓜率。

(2)坐瓜灵蘸花　冬、春季寒冷，日光温室内夜温低，夜间空气湿度大，丝瓜开花后，因受低温高湿的空气影响，雌花柱头不能分泌黏液，雄花的花药不能散出花粉粒，这不仅给丝瓜人工授粉带来难度，而且将降低人工授粉后的坐瓜率。为了防止低温、阴雨、阴雪、无昆虫授粉和人工授粉质量差而引起的难以坐瓜和严重化瓜，近年来寿光市菜农使用果旺牌强力坐瓜灵(0.1%吡效隆2号，即0.1%氯吡脲)稀释后蘸瓜胎，获得了理想的功效，用药后无须授粉也能坐瓜，如果再配合以人工授粉，效果更佳。坐瓜后幼瓜生长快速，经3~5天瓜长得又粗又长，可提早上市。该药的使用方法是：用吡效隆10毫克对水750~1 000毫升，在丝瓜雌花开放的当天或前后1天蘸花和子房1次即可。

(3)用2,4-D点花　如果雄花少，可用50~100毫克/千克的2,4-D+20毫克/千克的赤霉素涂抹花托和柱头。但用2,4-D处理的坐果率不及人工授粉的坐果率高。

5. 提高丝瓜商品性的措施

(1)吊瓜　为使丝瓜长得美观，在丝瓜坐稳后，用小棉线捆住一颗小石子悬挂于丝瓜果尾上，让其在生长过程中始终保持笔直的果形，成熟后丝瓜变得美观大方，商品性极强。

(2)果实套袋　为防止瓜实蝇在果实上产卵和病害危害，可于授粉后花瓣开始萎缩时，套上长为50厘米、宽为20厘米的白色美果袋，可减少灰霉病、瓜实蝇等病虫害的危害和农药污染。雌花授粉后，子房逐渐肥大，此时如遇土壤过于干燥或潮湿，或是授粉不完全、缺乏肥料、瓜实蝇为害等，都会造成畸形果、裂果、黄化果和流胶果，这些果实宜及早摘掉，以免浪费植株养分和影响其他果实的正常发育。采收套袋果实时，塑膜袋不必摘除，可起到保鲜作用,以延长果实货架寿命。

(3)调节瓜条色泽 丝瓜表皮的色泽取决于品种,但一些外界条件也会对其产生影响。要想保持丝瓜色泽鲜亮,要做到以下3点:①预防白粉虱为害。白粉虱主要吸食叶片汁液,使叶肉受到损害,叶片功能降低,继而影响瓜条色泽。尤其是在白粉虱大发生的年份,白粉虱的防治工作尤为重要。②叶面喷施多元素微肥,可有效改善瓜条色泽。③避免因植株叶片过多造成遮光而使瓜条颜色黯淡。

(五)深冬期间的特殊管理措施

1. 科学进行草苫的揭盖管理 草苫的揭盖直接关系到温室内的温度和光照。应掌握上午揭草苫的适宜时间,使直射光照射到前坡面,以揭开草苫后温室内气温不下降为宜,草苫原则上掌握在日落前温室内气温下降至15℃~18℃时覆盖。在正常天气下,上午8时左右揭,下午4时左右盖。一般雨雪天,如温室内气温不下降都应揭开草苫。大风雪天,揭草苫后棚温明显下降,可不揭草苫,但中午要短时揭开或随揭随盖。连续阴天时,尽管揭苫后温室内气温下降,仍要揭开草苫,下午要比晴天提前盖草苫,但也不要过早。连续阴天后的转晴天气,切不可猛然全部揭开草苫,应陆续间隔揭开,中午阳光强时可将草苫暂时放下,至阳光稍弱时再揭开。下雪天要及时清扫草苫上的积雪,以免化雪后将草苫弄湿。在最寒冷天气,当夜间温室内最低温度降至10℃以下时,应在草苫上加盖一层旧薄膜或一层草苫,对前窗要加围苫。

2. 增施二氧化碳气肥 在丝瓜初花期开始增施二氧化碳气肥,可用碳酸氢铵与过量的稀硫酸反应产生二氧化碳的方法进行施肥。按日光温室的有效面积计算,每日每平方米碳酸氢铵的用量不少于12克。晴天上午9~10时,当日光温室内的温度达到18℃时施用,施后1~1.5小时进行通风。施用天数最好不少于

30 天。

(六)冬季保护地增加光照的措施

在光照时间短、强度低的冬春季节,应使保护地内多接受阳光照射,这对于提高丝瓜的产量和品质具有重要作用。增加光照的具体措施有以下 5 项。

1. 合理布局　定植丝瓜时力求苗子大小一致,使植株生长整齐,以减少植株间的相互遮光。同时要南北向做畦定植,使丝瓜尽量多接受阳光照射。

2. 保持棚膜洁净　棚膜上的水滴、碎草、尘土等会使透光率下降 30% 左右。新薄膜在使用过程中,随着使用时间的延长温室内光照会逐渐减弱。因此,对棚膜要经常清扫,以增加棚膜的透明度。下雪天应及时扫除积雪。

3. 选用无滴薄膜　无滴薄膜在生产的配方中加入了几种表面活性剂,可使水分随薄膜面流入地面而无水滴产生。选用无滴薄膜扣棚,可增加温室内的光照强度,提高棚温。

4. 合理揭盖草苫　在保证丝瓜生长所需适宜温度的前提下,应适当早揭和晚盖草苫以延长光照时间,增加光量。一般在太阳出来后 0.5~1 小时揭草苫、太阳落山前半小时盖草苫比较适宜。特别是在时阴时晴的阴雨天里,也要适当揭草苫,以充分利用太阳的散射光。有条件的地方,可安装使用电动卷帘机揭盖草苫,以缩短揭盖时间,相对增加温室内的光照。

5. 搞好植株调整　及时进行整枝、打杈、绑蔓吊蔓、打老叶等田间管理工作,改善温室内的通风透光条件。

(七)越冬丝瓜如何应对阴雨雪天气

冬季阴雨雪天气会造成保护地低温、高湿、寡照等不利于丝瓜生长发育的环境条件,尤其是连续几天的低温阴雾天气会给越冬丝瓜造成很大的危害。发生低温冷害的温室丝瓜,轻者植株生长停止,化瓜,形成花打顶;重者植株萎蔫、死棵,导致提前拉秧。因此,在阴雨雪天气要尽可能地创造适宜丝瓜生长发育的条件,把损失降至最低限度。

1. 防寒保温,增加光照 冬季要注意收听天气预报,在寒流和阴雨雪天气到来之前要严闭温室,夜间加盖整体浮膜(即盖草苫后再覆盖一整体薄膜)。如温室后墙和山墙达不到应有的厚度,可在墙外加护草及薄膜等加强保温。必要时,向阳面的温室底脚在夜间增盖一层草苫以提高温室内夜间的温度,甚至在严寒季节可在棚前脸加盖麦秸或其他覆盖物以加强保温。

只要不下雨、不下雪,都要坚持揭开草苫,利用微弱的散射光以提高温室内的温度,补充光照,使丝瓜植株进行光合作用,避免丝瓜植株长时间处于黑暗状态而造成根、茎、叶生长严重失衡。此外,还要经常清扫日光温室棚膜表面,增加棚膜透光率,增强丝瓜植株的光合作用。

为了保温,在阴雨雪天气一般情况下不通风,但当温室内空气相对湿度超过 85% 时,可在中午前后短时间开天窗小通上风排湿。每天揭开草苫时间的长短可根据棚温的变化确定。揭开草苫后,若温度下降,应随揭随盖;若温度稍有回升,可以在下午 14～15 时以前把覆盖物重新盖好。阴天时要尽量减少出入温室的次数,尽可能保持棚温。

如持续阴天时间过长,就应在温室内安装电灯提温增光,可在温室中间每间设置电灯一盏。如遇上雨雪天气,上午不能揭开草苫,应打开电灯。如夜温过低,可在下午 5 时左右打开电灯,至夜间 10 时左右关闭,这样可提高棚温 2℃～3℃。

2. 预防病害的发生和流行 由于许多种病害都是在低温、高湿的条件下发生和流行的,所以阴雨雪天气时降低温室内的湿度就成为预防病害发生和流行的最主要手段。如温室内温度低不宜进行通风降湿时,可采用田间撒施草木灰的方法吸湿,以降低温室内湿度,减轻病害的发生。病害发生后,不宜采用喷雾的方法,应采用熏烟或喷粉尘剂的方法进行防治。此外,采用滴灌对丝瓜浇水、施肥,能大大降低温室内湿度,减少病害的发生。

(八)冬季连阴天过后如何对丝瓜进行管理

连阴天过后,天气转晴时,不要急于一下子将草苫全部揭开,要避免植株在阳光下直射而造成丝瓜植株萎蔫,要采取"揭花苫"的方法逐步增温增光。对受强光照而出现萎蔫现象的植株,应及时盖草苫遮阳,并随即喷洒 15℃～20℃ 的温水,同时注意逐渐通风,防止闪秧闪苗。如保护地安装有卷帘机,可以通过分次揭帘的方法增加光照,即第一次先揭开 1/3,如不出现萎蔫时再揭开 1/3,第三次才将草苫全部揭开,这样可使丝瓜有一个逐步适应的过程,防止发生急性萎蔫。

此外,如出现受冻植株,可先通过喷温水(温度不能太高,可以掌握在 10℃～15℃,根据当时的具体情况确定;受冻严重时,水的温度要稍低)的方法进行缓解,而后再用爱多收(2.85%硝·萘酸水剂)6 000 倍液或纳米磁能液(主要成分为纳米级程度的中草药等萃取液及硼、钼、锌、铁、铜、镁等微量元素)2 500 倍液进行叶面喷洒,以促进植株生长加快。

当丝瓜出现花打顶时,可适当疏去一些幼瓜,以利于枝蔓伸长。另外,喷施植物生长调理剂丰收一号,也有利于增强丝瓜植株的机体恢复能力。

连阴天后,丝瓜的根系会受到不同程度的伤害而降低对水分养分的吸收能力,因此在天气转晴后可喷施海藻素、甲壳素、2.85%硝·萘酸等叶面肥,增加营养元素,也可以用甲壳素等灌根,补充营养,促进新根生成。

(九)怎样减轻大雾对丝瓜的影响

我国北方冬季经常出现大雾天气,使日光温室中丝瓜的生长发育受到影响,特别是连续的大雾天气,严重地影响日光温室丝瓜的产量和品质。为减轻大雾对丝瓜的影响,须抓好以下 5 项工作。

1. 提高日光温室的保温性能　加厚墙体;挖防寒沟;提高日光温室的高度,加大日光入射角,增加日光入射率,提高日光利用率;覆盖增温塑料薄膜;覆盖保温性能较好的草苫;在日光温室内利用无纺布进行双层覆盖;日光温室北侧张挂反光幕。采用上述措施提高日光温室内的保温性能。

2. 改善光照条件　在有可能的情况下,用人工补光。由于大雾天气仍有散射光可供丝瓜利用,所以只要温度条件许可,就应及时揭开草苫让丝瓜见光。即使在温度较低的天气也不能连续几天不揭草苫,应在中午短时间揭草苫增加光照。防止长时间在黑暗环境中捂黄丝瓜叶片。

3. 及时喷药防治病害　在喷药时,加入 0.2%磷酸二氢钾溶液和有机钙、锌、铁等叶面肥,以补充植株的钾、钙素供应,解决根系吸收障碍,这样不仅可防止植株缺乏上述肥料元素导致病害发生,同时可增加细胞液的浓度,增强植株抗寒能力。

4. 喷施芸薹素　在寒冬每 20 天喷施一次硕丰 481 芸薹素(四川成都新朝阳生物化学有限公司生产)10 000 倍液,促进光合作用的进行,增强植株抗寒力,加快根系的生长发育。

5. 科学揭盖草苫　连续大雾天突然变晴后,应在中午光照过强时"隔一盖一"地盖草苫,到下午再揭开,防止光照过强导致叶片萎蔫和"泡泡病"的发生。

(十)适时采收嫩瓜

适时采收嫩瓜不仅能保持商品嫩瓜的品质,而且还能防止化瓜,增加结瓜数,提高产量。这是因为丝瓜主要食用嫩瓜,如过期不采收,果实容易纤维化,种子变硬,瓜肉老,不堪食用。而且老瓜在继续生长成熟过程中与同株上新坐住的幼瓜争夺养分,造成幼瓜因缺少营养而化瓜,加重间歇结瓜现象,降低商品嫩瓜产量。适时采收嫩瓜,即可避免与同株幼瓜争夺养分而造成幼瓜因缺少营养而化瓜。因此,要适时采收商品嫩瓜。

　　丝瓜从雌花开放受粉到采收嫩瓜,一般需 10～12 天,如果气温不宜、水分不足时常易失嫩或变老,则宜早收;气温适宜,水肥充足,可适当推迟采收。采收的标准可依据果实大小、果梗处的色泽、茸毛及果皮等变化情况决定:果梗光滑稍变色、茸毛减少及果皮手触之有柔软感而无光滑感,为采收适期。供应市场上长途外运的商品瓜,应在较嫩时采收。丝瓜连续结果性强,盛果期果实生长发育快,可每隔 1～2 天采收 1 次。丝瓜宜在早晨采收,并须用剪刀齐果柄处剪断。丝瓜皮幼嫩,肉质松软,极易碰伤压伤或折断,采收时必须轻剪轻放,装箱装筐时切忌挤压,以确保丝瓜的产量和品质。

二、特早春茬

　　利用日光温室在寒冬季节育苗,于初春定植于日光温室,将开花结果期安排在温度、光照较好的季节里,这是目前较为普遍的一种栽培方式。此茬丝瓜一般在 3 月份开始上市,产量高峰期集中在 4～5 月份,若不急于赶茬,可延续至 8～9 月份结束。

(一)生育期间的环境特点及主攻方向

　　日光温室特早春茬栽培丝瓜的播种育苗时间是由温室的性能来决定的。温室条件好的,可在 12 月上中旬开始育苗,翌年 1 月中下旬开始定植;温室温度条件差的,可在 12 月下旬至翌年 1 月中下旬播种育苗,2月下旬至3月上旬定植于温室中。

12月至翌年1月是全年中低温、寡照环境条件最差的时期,在此时如何培育出适龄壮苗是生产成功的关键之所在。加强苗期的管理,培育优质壮苗,是丝瓜生产中的关键环节。

(二)育　苗

1. 品种选择　早春茬丝瓜同冬春茬一样要求所选品种要在低温和弱光下能正常结瓜;同时还要耐高温和耐高湿,在高温和高湿条件下结瓜能力强。另外,还要抗病性好,对日光温室环境的适应能力强,对管理条件要求不严,意外伤害后恢复能力要好。

2. 播种期的确定　早春茬丝瓜一般苗龄为 35～45 天,定植后 80 天左右开始采收,从播种至采收历时 110～140 天。早春茬丝瓜一般要求在 4 月前后开始采收,以利于 6 月份进入产量的高峰期。由此推算,正常的播期应在头年 12 月中上旬。

3. 育苗应掌握的要点　应在日光温室内采取电热温床法育苗。早春茬丝瓜育苗时采用一次播种育成苗的方式,即将出芽的种子播入营养钵或营养穴盘中,不再分苗。苗床要选择日光温室采光条件较好的部位,一般种植 667 平方米的丝瓜需 20 平方米育苗地。

(三)定　植

保护地早春茬丝瓜定植后,气候向有利于丝瓜生长的条件变化,能促进丝瓜的营养生长。按常规苗龄定植后,植株营养生长非常旺盛,很难向生殖生长转化,造成大量长秧,不结果,或晚结果,失去了早熟栽培的意义。为此,经过反复的试验研究,终于解决了这个问题,即采用大苗移栽,能有效地防止丝瓜秧子的前期徒长,促进生殖生长,达到早熟高产的目的。大苗移栽后,在缓苗过程中,营养生长受到抑制,生殖生长量加大,植株在苗期分化的雌花开始膨大充实,争取营养,长秧和结瓜逐步协调,避免了秧子徒长现象,达到早熟高产的目的。

丝瓜早春保护地栽培的大苗,一般在 7～8 片真叶,株高达到 35 厘米左右开始甩蔓,一般苗龄 65～70 天。定植时按 80 厘米行距开沟,施肥后锄匀,浇水造墒,趁湿封沟变垄,将丝瓜苗定植在垄上,定植深度以埋住土坨为准,株距为 35～40 厘米,定植后点浇压根水,定植后注意提高温室内的温度,白天保持 33℃,晚上保持 17℃左右,按此温度保持 2～3 天,促使丝瓜快速生根、缓苗。缓苗后,再进入正常管理,白天保持 28℃～30℃,晚上保持 15℃～16℃即可。一般每 667 平方米保苗 1 600～2 000 株。

(四)定植后的管理

1. 环境调控　丝瓜的生长适温为 20℃～30℃,前期应适当蹲苗,白天保持 20℃～25℃,晚上保持 15℃,地温保持 13℃～19℃。坐瓜后适当提温,白天保持 25℃～30℃,夜间保持 15℃～20℃。

丝瓜甩蔓期、开花结果期要防止空气湿度过大而造成茎蔓徒长和开花结果受阻。上午气温升至 28℃时开始通风排湿,下午气温降至 20℃左右时关闭风口。由于土壤中施入大量有机肥,肥料在土壤中逐渐分解熟化释放出有害气体,如甲烷气、氨气、亚硝酸气等,如不通风排气,极易造成温室内有害气体浓度过高。因此,阴雨天气也要开窗换气,目的是排放室内的有害气体,防止植株受害。

日光温室要早揭苫、晚盖苫,尽量延长透光时间。此外,要及时擦拭棚膜,清扫其上的灰尘,防止污染过重影响进光度。只有多见光、见强光,才能加强植株光合作用,多同化有机物质,使植株长得好、长得壮。

2. 植株调整　在丝瓜生长发育期间,要及时进行必要的植株调整,以减少营养的消耗,防止枝叶过于繁茂而影响植株、行间的通透性,才能多结瓜、结好瓜。植株调整一般包括打老叶、打侧蔓、及时放蔓和化学控制等措施。打老叶是将下部老化叶片及时打掉。一般叶片的功能期可达 60 天左右,超龄叶应及时打掉,以减少营养的消耗,加大下部的通风量。

侧蔓整理。由于温室栽培密度大,空间有限,在生长期间必须限制侧蔓的数量和长度,达到少消耗、不郁闭的效果。一般要求茎基部侧蔓全部摘除。10 片叶以上的侧蔓可留 1～2 片叶后摘心。一般侧蔓第一、第二叶都带有雌花,能结 1 个瓜,若不摘心,侧蔓基部的瓜不易坐住。丝瓜蔓在生长至近棚顶时应及时落蔓,高度视情况而定。落蔓后要把蔓的生长点排列平齐,以利于采光。可采用植物生长调节剂控制茎蔓生长速度,一般喷洒 15% 多效唑,喷洒浓度为 10 毫克/千克,或喷洒矮壮素 200 毫克/千克,可缩短丝瓜茎节,减少瓜蔓长度,增加瓜蔓茎粗。

特早春茬丝瓜育苗期温度低、光照短,有利于花芽分化,节位低,雌花多。为防止坠秧,可摘除 12 节位以前的雌花,这是丝瓜特早春栽培能否成功的关键环节,但这一点往往容易被忽视。

3. 留瓜 留瓜不宜过早。留瓜时不要只看眼前价格,还要考虑丝瓜的生长情况,留足足够的叶片数,以保证充足的营养供应。一般来说,特早春茬丝瓜多是在植株长至 24～26 片叶时才留瓜,以保证根系发育良好,茎蔓粗壮,为以后丝瓜的优质高产打下良好的基础。在春季,叶片数量至少要保留 20～22 片叶,即可保证根系及茎蔓生长和培育壮棵的需要。

4. 人工授粉 丝瓜为虫媒花,在早春茬栽培时,因昆虫少,须进行人工授粉。授粉的办法是:摘取当天盛开的雄花,去掉花冠,或将花冠反捋,露出花药,轻轻地将花粉涂抹在雌花的柱头上。授粉时间为每天上午 8～10 时。如果雄花少,可用 50～100 毫克/千克的 2,4-D 溶液＋20 毫克/千克的赤霉素溶液涂抹花托和柱头。但药剂处理的坐果率不及人工授粉的坐果率高。

5. 水肥管理　水肥管理是提高早春茬丝瓜产量的关键。浇水追肥及时、合理,可以加快瓜果生长速度,提高产量。但不当的浇水追肥会导致秧子疯长、落花化瓜、病害严重。为此,必须抓住以下水肥管理的关键环节:①浇透定植水。早春保护地丝瓜一定要浇足定植水,也就是底墒要足。在底墒很足、透气性又好时,有利于提高地温,加快缓苗。定植时若底墒不足,点浇小水,过3~5天土壤湿度小,出现干旱现象,若不及时浇水,易造成老化苗。若浇水时,根系已经展开,吸水能力很强,易导致营养生长过旺,造成徒长,结瓜晚,降低前期产量。浇足定植水后,土壤中水分含量高,丝瓜正在缓苗,根系吸水能力低,缓苗后根系开始展开伸长,上层土壤中水分含量下降比较适宜。根系有趋水趋肥特性,会促进根系向下部土壤含水量高的地力发展,植株生长正常,如坐果后出现干旱,再浇第一次促果水。这样,前期结瓜早、结瓜多,效益十分明显。②浇瓜不浇花。丝瓜在温室内生长,浇水的原则应该是浇瓜不浇花,即开花期不宜浇水,坐稳一批果时浇1次水,也就是农谚所说的"丝瓜开花靠旱,结瓜以后靠灌"。丝瓜前期结瓜是一阵结瓜一阵开花,采瓜后开花前控水2~3天。开花结瓜后,瓜的后把处出现深绿色,是丝瓜果实需水量最大的临界期,这时要马上灌水,待瓜把深绿色消褪时采收,控制浇水。③勤浇小水,防止大水漫灌。丝瓜根系发达,吸收能力强,对土壤中的氧气需求量高,必须保持土壤一定的透气性,因此以浇小水为好。如果大水漫灌造成土壤透气性差,反而会减少结瓜。另外,温室空间小,浇大水极易导致空气湿度过大,诱发病害,造成减产。一般丝瓜浇水水位达到栽培垄的2/3即可。④看天看地看瓜浇水。早春气候变化异常,浇水时要做到"三看":一看天,天气晴好、近期无阴雨可以浇水;二看地,地面干旱可以浇水;三看瓜,花已开过,坐住幼瓜可以浇水。否则,条件不具备时浇水,反而会导致不良后果。⑤追肥时要注意品种和数量。丝瓜开花结果期对氮元素和钾元素需求比例较大,对磷的需求量较小,追肥品种应以氮、钾肥为主,每次追肥量要准确。前期一般每667平方米每次随水冲施尿素15千克,硫酸钾10千克。由于温室密闭较严,有害气体不易挥发,若每次追肥量过大,在高温条件下易产生氨气,对丝瓜植株造成危害。温室中后期昼夜大通风时,可加大施肥数量,一般每667平方米每次追尿素30~40千克,硫酸钾20千克。

(五)采 收

早春茬丝瓜往往由于采收不及时、不合理、不得法而造成商品质量下降,降低销售价格。根据丝瓜生产中出现的问题,采收时应注意以下两个问题。①采瓜大小的问题。一般丝瓜采收的原则是弱株采小瓜,壮株采大瓜,以采瓜促进丝瓜的营养生长一致。另外,前期苗小、温度又低,丝瓜生长速度慢,采收时瓜可相应小一些,一般在丝瓜长至200~300克时就可以采收。中后期随着气温、光照条件的好转,植株生长势旺,采收时瓜要大一点,基本上在250~400克时采收。②及时采收。丝瓜早春栽培,由于环境条件相应比较优越,瓜的生长速度快,再加上丝瓜表皮有一层麻皮,瓜的生长时间越长越大,表层麻皮越厚、越硬,商品性状越差。因此,丝瓜要及时采收。前期可隔3~5天采收1次,中期隔2~3天采收1次,后期气温高、植株大,生长更快,需每天采收,以防止出现老瓜。每次采收要仔细,不要漏采。

三、越夏延秋茬

为了充分利用日光温室5~9月份的闲置期,应实行套种,以合理利用设施内的土地、空间、生育积温和光照等生态条件,调节好各茬丝瓜的供果期,做到周年供应。

(一)生育期间的环境特点及主攻方向

越夏延秋茬多是为充分利用 5～10 月份日光温室闲置期而安排生产的。这一时期温度高、光照强,加之烟粉虱、白粉虱、美洲斑潜蝇等害虫为害严重,不适宜丝瓜的正常生长,必须配合使用遮阳网、防虫网等辅助设施才能确保该茬丝瓜生产。

(二)育　苗

1. 选用优良品种　要选择丰产性好、品质优良、对短日照不敏感的品种,例如雅绿 1 号丝瓜、华绿丝瓜、夏绿 1 号、绿旺丝瓜等品种。

2. 播种期的确定　该茬丝瓜一般要求在 7 月前后开始采收,持续采收至 9 月中下旬。故要求正常的播期应在 4 月上中旬。

3. 直播或冷床育苗　日光温室越夏丝瓜可于 4 月中旬进行直播,也可育苗移栽,在日光温室内采取冷床法育苗。越夏茬丝瓜育苗时采用一次播种育成苗的方式,即将出芽的种子播入营养钵或营养穴盘中,不再分苗。苗床要选择日光温室采光条件较好的部位,一般种植 667 平方米丝瓜需育苗地 25 平方米左右。

(三)整地施肥

应选择在土质肥沃、湿润、有机质含量高、保水保肥能力强的壤土或黏壤土栽培。播种前结合耕翻每 667 平方米施优质厩肥 5 000 千克以上,整平耙匀后,沿种植行开沟,每 667 平方米再施过磷酸钙 50 千克、硫酸钾 25 千克,或腐熟饼肥 100 千克,而后封沟起垄,准备种植。

(四)棚室管理

1. 环境调控　5 月上旬揭除温室前裙膜,同时除去天窗通风膜,换上防虫网,保持日光温室昼夜通风,使丝瓜结果多且品质好。

6～8 月份在日光温室膜上覆盖遮阳网,最好采用遮阳率为 60％的遮阳网。在晴天上午 9 时至下午 4 时的高温时段,用遮阳网遮盖温室防止强光直射。在阴雨天或晴天上午 9 时前和下午 4 时后光线较弱时,将遮阳网卷起来,这样既可防止强光高温又可让丝瓜见到充足的阳光。

2. 肥水管理 丝瓜根系发达,喜潮湿,需水量大,特别在盛果期高温伏旱时期,土壤湿度以控制在 90％左右为宜。此时若出现旱情,须及时灌水。水分供应必须均匀一致,否则瓜条粗细不匀。遇干旱,虽然不至于植株死亡,但是植株结瓜少、化瓜多,且畸形瓜多,在炎热干旱的季节尤其如此。炎夏应在早上或晚上浇水,忌中午浇水。尤忌忽干忽湿造成果实畸形,纤维增加,品质老化。因此,栽培丝瓜需要及时供应水分,不能使土壤干旱。

越夏延秋茬丝瓜容易徒长,因此应在生长前期避免偏施氮肥,开花结果期应加强追肥。第一次施肥在丝瓜的第一雌花出现后进行,一般每 667 平方米约施复合肥 20 千克或腐熟农家肥 400～500 千克。至丝瓜开花结果后再重施肥 1 次,一般每 667 平方米施用复合肥 30 千克。追肥在采收期后进行,一般每采收 2～3 次追肥 1 次,每次每 667 平方米施用复合肥 25～40 千克。

3. 植株调整 日光温室栽培中丝瓜藤蔓发达,需要及时吊蔓。当植株甩蔓时,用塑料绳吊蔓,使瓜蔓爬到棚顶时,向下放绳子,将基部的瓜蔓圈好放齐,同时摘除老叶。落蔓后要使蔓的生长点均匀地分布在一个南高北低的倾斜面上,以利于采光。

丝瓜分枝性强,主蔓、侧蔓结瓜,但主蔓结的瓜瓜条大、畸形瓜少;侧蔓结的瓜条小、畸形瓜多。日光温室等保护地丝瓜早熟栽培应将侧枝全部摘除,只留主蔓结瓜。

丝瓜植株基部的节位着生雄花序,雌花节位也着生雄花序,这样雄花序将消耗大量的养分,可保留基部节位的雄花序以供给花粉,将雌花节位上的雄花序摘除,并将卷须摘除,集中养分供给雌花蕾,促进结瓜。去雄蕾时,要谨防碰伤同一节位上的雌蕾。

丝瓜的花是单性花,蜜腺发达,可依靠蜜蜂传粉,雌花的幼果只在授粉的情况下才能坐住。日光温室栽培的丝瓜需要人工辅助授粉。若遇阴雨、低温天,蜜蜂活动少,更需要人工辅助授粉,每天上午8~10时摘下1朵雄花,剥下花冠,露出花柱,将花药涂抹在雌花柱头上。此外,还可采用植物生长调节剂涂瓜,以防止化瓜,促进瓜条膨大。促进丝瓜坐瓜的生长调节剂主要是细胞分裂素,目前应用效果较好的是早瓜灵(有效成分为吡效隆),将早瓜灵原液稀释100倍均匀涂于幼瓜上。对防止化瓜,促进瓜条膨大,效果十分显著。

摘瓜后要保证落蔓高度,落蔓时不可过低,一般落蔓高度以1.4~1.5米为宜,这样可保证有13~15片叶进行光合作用,有利于植株生长。注意避免叶面积不足而影响植株生长。

(五)加强高温期管理,创造有利于丝瓜生产的条件

不结瓜、畸形瓜多和植物生长调节剂药害是高温季节丝瓜生产的3个突出问题,只有解决好这3个问题,才能保障夏季丝瓜的高产高效。

1. 遮光防止丝瓜歇茬、不结瓜　在光周期反应类型中,丝瓜属于短日照植物。所谓短日照植物,即该植物属于在24小时昼夜周期中,日照长度要短于一定的时数才能成花的植物。当前,寿光市的温室日照长度在13小时左右,黑夜时数在11个小时左右,已经不能满足一些丝瓜品种的成花条件,黑夜时数达不到要求,会造成花芽分化不良,成花数降低,出现夏季"歇茬"现象。为了尽量避免发生这种情况,一方面可以选择早熟性好的、对短日照不敏感的丝瓜品种;另一方面,可在有条件的温室遮盖黑色棚膜或草苫,缩短日照时数,也可在丝瓜出现夏季"歇茬"前喷用植株生长调节剂乙烯利促进雌花分化,提高成花率。

2. 控秧防止丝瓜旺长和增加畸形瓜 丝瓜虽然喜温耐热,可是当前的温室温度环境还是不能很好地保障其正常生长。白天温度维持在 35℃左右,光合作用高速进行,制造了大量光合产物,可整晚维持在 26℃左右的高夜温下,使得叶片光合有机物多用于自身的呼吸消耗之中,丝瓜植株出现旺长、徒长情况,而真正用于瓜果积累的有机物只占很少一部分。另外,在丝瓜氮肥过量,磷、钾肥不足,硼肥缺乏的情况下,将加大畸形瓜,如大肚瓜、蜂腰瓜、弯瓜等发生的概率。针对丝瓜"旺了棵子不结果"的特点,可在控制氮肥的基础上,一方面喷用 5% 矮壮素 2 000~3 000 倍液或 25% 助壮素 750~1 500 倍液控制旺长;另一方面进行人工摘心,即在丝瓜生长点以下 30 厘米左右处掐茎打头,等到侧枝长出 30 厘米左右的时候,再按照同样的方法掐茎打头,控制植株生长点部位升高,促生侧枝,则可很好地控制"旺了棵子不结果"的现象发生。此外,还可通过补充矿质营养元素,以减少畸形瓜的发生;喷洒 0.5% 磷酸二氢钾 500 倍液,以补充结果期磷、钾素的不足。蜂腰瓜多由于缺硼造成的,可叶片喷施速乐硼 1 500 倍液或硼砂 600 倍液。

3. 保花防药害 一些菜农在丝瓜蘸花时没有注意浓度应随着季节的变化而变化,夏季蘸花照样使用冷凉季节的配比浓度,结果出现了药害:植株心叶出现皱缩、卷曲、变硬等类似于病毒病的症状。故在高温条件下要降低蘸花药的浓度。寿光菜农蘸花药的参考配方如下:每 500 毫升水中用 0.5% 的 2,4-D 2 毫升 +0.1% 氯吡脲(吡效隆)4 毫升 +2% 萘乙酸水剂 5 毫升。如想在蘸花的同时也防治虫害,可加入 5% 甲维盐 1 000 倍液即可。

为提高盛夏时期的丝瓜产量,要谨防高温危害,应用遮阳网能起到良好的保护作用。因为遮阳网的遮阳率达 40%~65%,温室内可降低温度 4℃~10℃。一般在晴天上午 9 时 30 分左右覆盖遮阳网,下午 4 时左右揭掉。同时,也可通过日光温室前脸通底风以加大通风量来降低温、湿度,但要注意前脸须应用防虫网覆盖,一般 40 目的防虫网即可防止大部分害虫进入温室为害丝瓜。

四、秋冬茬

丝瓜从播种至坐瓜初期,正处于仲夏至仲秋的高温季节,而丝瓜持续结瓜盛期则处在秋末至冬春的低温和寒冷期,所以,此茬丝瓜应选用苗期至坐瓜初期耐热性较强的晚中熟和晚熟品种。日光温室秋冬茬丝瓜多在 7 月末至 8 月中下旬播种,8～9 月份定植,9～10 月份开始上市。如采用保温、覆盖等措施,丝瓜可延至元旦前后拉秧。

(一)丝瓜生育期间的环境特点及主攻方向

由于受栽培季节的限制,日光温室丝瓜育苗期间的环境比较特殊,其育苗期间正值高温、多雨季节,到结果期气温又急剧下降,整个生育期多数时间处于不适宜的环境条件下,因此该茬丝瓜的主攻方向是培育丝瓜壮苗,为丰产打下基础。在结果期做好保温防寒工作,争取更高的产量及效益。

(二)育　苗

1. 品种选择　秋冬茬丝瓜所选品种必须较耐低温和弱光照。要求该品种在低温和弱光照条件下,能保持较强的植株生长势和坐果能力。

2. 播种期的确定　日光温室秋冬茬丝瓜多在 7 月下旬至 8 月中下旬播种,8～9 月份定植。

3. 嫁接育苗　育苗期正处在 7～8 月份高温季节,高温育苗成为生产上的一大难题;随之又带来病毒病、白粉虱、伏蚜和茶黄螨等病虫害的严重发生。因此育苗的关键是避免强光照射苗床，避免雨水冲刷苗床，防止苗床积水；杜绝白粉虱、蚜虫等病毒传播媒介进入育苗床内。在具体工作中应掌握以下几点：晴天中午前后要用遮阳网对苗床遮荫，避免强光照射苗床；雨天要用塑料薄膜对苗床遮雨，不要让雨水进入育苗床内；用防虫网密封苗床，防止白粉虱、蚜虫等进入育苗床内；采用穴盘育苗技术护根育苗，充分保护根系；定期喷药以预防病害。一般从出苗开始，每周喷 1 次药，交替喷洒多菌灵 600 倍液、噁霜灵 700 倍液、甲霜灵 500 倍液以及病毒 A300 倍液等。秋冬茬丝瓜育苗期间温度高，很容易引起徒长。可采用化学药剂控制茎蔓的生长速度，一般可用 10 毫克/千克的 15% 多效唑溶液或 200 毫克/千克的矮壮素溶液喷洒，以缩短丝瓜茎节，减少瓜蔓长度，增加瓜蔓粗度。还可利用草苫适当控制日照时间，以促进茎叶生长和雌花分化。

(三)定　植

　　8 月下旬至 9 月上旬，当丝瓜苗长至 3 叶 1 心、苗龄为 30 天左右时定植于日光温室中。定植前 20 天整地施肥，每 667 平方米施腐熟鸡粪 3 500 千克，过磷酸钙 25 千克，硫酸钾 40 千克；深翻 30 厘米，耙平后按 70 厘米行距起垄，垄宽 30 厘米，高 15 厘米。定植前 2 天，苗床先浇水，以尽量减少移栽时伤根。幼苗定植株距为 30～35 厘米，每 667 平方米栽 3 000 株左右。定植后随即覆盖地膜，并破孔引苗出膜。按"隔沟盖沟"法盖膜，以便从膜下沟浇水，减少温室内湿度。

(四)定植后的管理

　　1. 环境调控　丝瓜喜强光，耐热，耐湿，怕寒冷，秋冬茬温棚丝瓜栽培要通过及时扣棚膜、早揭晚盖草苫及张挂镀铝聚酯反光幕、安装补光灯、增加覆盖层等增光、保温措施，使温室内每天光照时间不短于 8 小时,昼温保持 20℃～28℃,夜温保持 12℃～18℃,凌晨短时温室内最低气温不低于 10℃。生育期内,丝瓜抽蔓前可利用草苫适当控制日照时间,以促进茎叶生长和雌花分化。开花结果期要适时敞开草苫,充分利用阳光提高温度。

2. 肥水管理　秋冬丝瓜结瓜前的浇水应以控为主,少浇水或浇小水,并减少氮肥用量,适当增施磷、钾肥和采用 0.2% 磷酸二氢钾作根外追肥。前期温度高,丝瓜生长快,从播种至摘根瓜只有 40～45 天。吊架前可进行 1 次追肥,追施人粪尿 500 千克或腐熟粪干 300 千克,浇水后吊架。进入盛瓜期后,水肥供应要充足,每 4～5 天浇 1 次水。自吊架前追肥后至 10 月中旬,一般再追肥 2～3 次。日光温室丝瓜延迟栽培时间较长,可于 10 月下旬或 11 月初再追 1 次肥。追肥应掌握前期温度高时追凉性的速效化肥,每次每 667 平方米施不超过 20 千克硫酸铵,既补充肥料,又降低地温。中、后期温度低时,每 7～8 天浇 1 次水。追肥时宜施用腐熟的人粪稀等有机肥料,以利于提高地温,而且肥效维持时间长,每 667 平方米 1 次施用 500～750 千克,随水冲施。此外,在前期还可结合喷药,喷施 0.3% 尿素和 0.2% 磷酸二氢钾,进行叶面追肥。连续阴雨、光照弱及后期温度低易化瓜,可用 0.1% 硼酸溶液喷洒 1 次。

丝瓜对水分需求量大,在旺盛结瓜期,要始终保持土壤较高湿度。浇水时选晴天上午,顺膜下沟"暗浇",浇后及时通风排湿。

3. 植株调整　幼苗甩蔓后用吊绳引蔓吊架。待主蔓伸长至一定高度后进行人工落蔓。落蔓后要使蔓的生长点均匀地分布在一个南高北低的倾斜面上,以利于采光。结合引蔓、绑蔓进行整枝。丝瓜整枝有单蔓整枝、先单蔓后多蔓整枝及多蔓整枝等多种方法。

(1)单蔓整枝　整个生育期只保留主蔓生长和开花结果,其余侧蔓全部摘除。此整枝方法适于主蔓结瓜品种,或仅在早熟密植情况下进行。

（2）先单蔓后多蔓整枝　第一瓜坐住前只留主蔓,侧蔓全部摘除。第一瓜坐住后,或主蔓上棚顶后,保留3～4条强壮、有雌花的侧枝,任其生长。摘除部分瘦弱、重叠或染病侧枝。

（3）多蔓整枝　留主蔓和2～3条强壮侧蔓,在整枝的同时,任其生长和开花结果,把卷须大部分雄花(85%)、黄叶、老叶、病叶及过于密植的叶片摘除,以利于集中养分,促进瓜条肥大。

特别要注意少留雄花花枝,以免"留三枝雄花,去一条丝瓜"。

丝瓜的花是单性花,蜜腺发达。依靠蜜蜂传粉,雌花的幼果只在授粉的情况下才能坐住。日光温室栽培的丝瓜需要人工辅助授粉。每天上午8～10时摘下1朵雄花,剥去花冠,露出花柱,将花药涂抹在雌花的柱头上。生产上也可采用吡效隆浸花代替人工授粉,用吡效隆10毫克对水750～1 000毫升,在丝瓜雌花开放的当天或开放前一天或开放后一天浸花和子房1次即可。

4. 果实套袋　丝瓜套袋时选用厚0.08毫米的无色透明聚乙烯薄膜袋。袋的大小视品种而定,有棱丝瓜用长400毫米、宽60毫米薄膜袋;普通丝瓜用长550毫米、宽60毫米薄膜袋。将薄膜袋套于果上,然后将薄膜袋口在果柄部用线绳扎在一起,但不能过紧,防止影响果柄横向生长,同时可保持一定的通气性。果实套袋可以防止农药直接喷到果实上被果体表皮吸附后未过安全间隔期而上市。

（五）丝瓜蘸瓜存在的误区

丝瓜蘸瓜能降低畸形果的发生率,保持丝瓜花鲜艳,改善丝瓜品质,可以说蘸瓜的好坏直接影响到丝瓜的产量及质量。但是,有些菜农在蘸瓜时存在3个误区。

1. 蘸药过多　有些菜农在蘸瓜时一次性蘸到瓜根处,这样蘸瓜易使药剂残留在瓜根处,并通过瓜根部向植株本身传导,容易导致丝瓜植株发生激素中毒,而且还容易发生蹦瓜现象。所以,蘸瓜时要从下往上蘸,蘸到药剂的丝瓜部位不能超过整条瓜的2/3。

2. 蘸瓜后立即浇水　丝瓜在蘸瓜前,其雌花是抬着头向上生长的,而蘸瓜后两三天雌花才逐渐向下低头生长。如果在蘸瓜后立刻浇水,蘸了瓜的雌花还未完全坐住,突然间植株水分增大,使得供应瓜条的水分也随之增大,容易导致蹦瓜现象的发生。所以,浇水应在丝瓜蘸瓜后3天,也就是等丝瓜坐住以后再进行。

3. 蘸瓜过晚　蘸瓜太晚,丝瓜花容易脱落,达不到鲜花丝瓜的标准。所以蘸花要在丝瓜花展开以后及时进行。但蘸瓜药剂的浓度要随着温室内的温度有所变化,温室内温度高的时候,浓度要降低一些;温室内温度低的时候,浓度要提高一些。

(六)采　收

丝瓜主要食用嫩瓜,一般在丝瓜果梗光滑、茸毛减少、果皮有柔软感而无光滑感时采收。时间大致在开花后10~12天,采摘宜在上午进行。丝瓜连续结果性强,盛果期宜勤摘,每1~2天采收1次。

第五章　日光温室丝瓜土壤障碍控防技术

一、土壤板结

(一)表　现

日光温室土壤表层形成片块状、土壤黏重、透气性差、渗水慢，说明土壤团粒结构遭到严重破坏，这种情况多出现在种植多年或使用推土机新建造的丝瓜日光温室，这是土壤板结严重的表现。

(二)原因分析

1. 使用化肥不合理　长期单一地施用化肥，腐殖质不能及时地得到补充，会引起土壤板结，还可能龟裂。向土壤中过量施入氮肥后，微生物的氮素供应增加 1 份，相应消耗的碳素就增加 25 份，所消耗的碳素来源于土壤有机质，有机质含量低，影响微生物的活性，从而影响土壤团粒结构的形成，导致土壤板结；向土壤中过量施入磷肥时，磷肥中的磷酸根离子与土壤中钙、镁等阳离子结合形成难溶性磷酸盐，既浪费磷肥，又破坏了土壤团粒结构，致使土壤板结；向土壤中过量施入钾肥时，钾肥中的钾离子置换性特别强，能将形成土壤团粒结构的多价阳离子置换出来，而一价的钾离子不具有键桥作用，使土壤团粒结构的键桥被破坏，导致土壤板结。

2. 使用推土机筑墙体的新建日光温室　推土机把熟土层(即耕层)推到墙体上，而留下的耕作土壤为原来的生土层，土壤中有机质含量较低，土壤多为柱状或块状结构，而团粒结构含量很少，土壤非常黏重，通气、透水性极差，不利于丝瓜根系的生长发育；土壤缓冲能力弱,已造成盐分积累,发生次生盐渍化。

3.优质有机肥投入量少　改良土壤、培肥地力的土壤有机质含量不高,土壤更新缓慢造成温室土壤板结。

4.大水漫灌或沟灌　经常漫灌、沟灌破坏了灌溉行土壤团粒结构,通气、透水性能变坏,易导致土壤板结。

此外,丝瓜定植后,进行整枝、打杈、喷药、施肥、采收等操作,操作行土壤常被踩压,也是造成土壤板结的重要原因之一。

(三)改良途径

1.增施有机肥料　有机肥料的使用应当切实注意有机质的含量问题,因为只有高有机质含量的有机肥料,才具有培肥地力、改良土壤的效果,而含氮量高的有机肥料改良土壤效果不明显。例如鸡粪,含氮量虽然较高,但它在土壤中分解较快,培肥地力、改良土壤的效果较差。

2.实行秸秆还田　秸秆(包括麦穰、麦糠、粉碎的玉米秸等)是目前较好的有机肥资源,其有机质含量高,改土效果非常明显。一般在作物定植前20～30天,每667平方米施用1000千克左右的秸秆,而后灌足水,盖上地膜,盖严日光温室薄膜闷棚,既具有良好的改良土壤的效果,还能有效地消除日光温室土壤的次生盐渍化,并且投资少、见效快。

3.增施微生物肥　土壤中施入微生物肥料,微生物的分泌物能溶解土壤中的磷酸盐,将磷素释放出来,同时,也将钾及微量元素阳离子释放出来,以键桥形式恢复团粒结构,消除土壤板结。

4.积极推广使用高效土壤改良剂——松土精　松土精是英国汽巴净化水处理有限公司采用国际尖端科学技术生产的高效土壤改良剂,能有效地增加土壤团粒结构,消除土壤板结;使土壤渗水、保肥、保水能力大大增强;提高土壤的通气性,促进土壤有益微生物的生长发育,提高肥料利用率,减少土传病害的发生,使丝瓜根系粗大、增产效果明显。松土精在冬、春低温季节施用,表现尤为突出。据测定,每 667 平方米使用松土精 500～1 000 克,改良土壤的效果明显。松土精可作基施肥、冲施肥施用。

5. 适度深耕　科学地适度深耕应为 30 厘米左右,这样有利于保护土壤耕作层结构不被破坏和作物根系生长。

二、土壤盐害

(一)表　现

土壤发生盐害,地表出现白色的结晶物,特别在土层干旱和日光温室休闲期易发生。个别严重的地块出现青霉和红霉(磷、钾过剩所滋生的微生物)。

盐害对丝瓜的影响可分为 4 个阶段。

第一阶段:土壤盐分浓度在 0.3% 以下,该阶段丝瓜基本上没有盐害表现。

第二阶段:土壤盐分浓度达到 0.3%～0.5%,该阶段丝瓜也没有直接表现盐害症状,但已受到间接的生理病害,根系发育受严重影响。在气温升高时,植株发生萎蔫,增加灌水量,萎蔫也不能消除,易引起其他病害,产量下降。土壤干燥时,表层出现坚硬的结皮层。

第三阶段:土壤盐分浓度升高至 0.5%～1%。这时丝瓜表现出生理病害症状,主要症状:生长受到抑制,叶片小并萎缩,叶深绿色,叶缘翻卷,生长点处嫩叶表现出叶缘黄化和卷缩,中部叶片边缘出现坏死斑,严重时连成片,呈现似镶金边的症状,根系发黄,不发新根。在土壤并不缺水的情况下,植株白天萎蔫,但到早晨又恢复生机,如此循环最终枯死,造成绝产。

第四阶段:土壤含盐量超过 1%,丝瓜幼苗不能成活,成活的丝瓜苗生长缓慢,叶缘出现褐色枯斑,根系发黄,生长点受损,植株出现萎缩,并逐渐枯死。

(二)原因分析

1. 盲目施肥形成土壤盐害　一些菜农对各类肥料在植株生长发育中所起的作用和所产生的影响了解不够全面,主要表现在以下3个方面:一是偏施某一种肥料。在寿光市最普遍的做法是基肥大多以含养分较高但盐分也较多的鸡粪为主,这样便将较多的盐分带到土壤中,使土壤产生盐害。有的菜农误认为多施肥能高产出,不考虑作物需肥量及种类,盲目和大量地施肥,致使肥料利用率降低,且造成土壤中氮、磷、钾比例失调,引起土壤盐分偏高;二是生施人、畜尿和施入带有大量副成分的化肥,造成土壤盐渍化;三是盲目增施化肥。化肥施入土壤以后,一部分被作物吸收,一般利用率在20%左右,大部分随水流失或被土壤固定,这部分肥料占总施肥量的80%左右。被土壤固定的盐和地下水上行导致返盐,造成了土壤的积盐现象。

2. 日光温室设施的特定环境容易形成盐害　日光温室是人为创造的有利于丝瓜反季节生产的小环境,一般盖膜时间较长,特别是日光温室丝瓜,一年内揭去顶膜的时间仅为6～10月份,甚至长年不去顶膜,雨水冲刷时间较短,为盐分的积累创造了条件。此外,日光温室内温度相对较高,土壤水分被植株吸收的数量和蒸发量较大,地下水中的盐分随水带到耕作层积聚。

3. 土质黏重　土质黏则保肥性强,养分流失少,特别是在日光温室内无雨水淋洗,肥料用量比露地栽培大,长期耕作后加重了土壤盐化。尤其是连作土壤年复一年,土壤障碍有增无减。

4. 不良的耕作措施　浅耕、面施肥料、表面灌溉等栽培措施也会加剧盐分向表土集中,如果日光温室土壤的地下水位高,排水不畅,也容易引起盐分在土表积聚。

(三)改良措施

1. 地膜覆盖 日光温室丝瓜垄面覆盖地膜,除能保温、保水、保肥、驱除蚜虫和降低株间湿度外,还有抑制土壤盐渍化的作用。据试验,对盖膜畦与不盖膜畦的对比测定结果,0~5 厘米土层的含盐量盖膜的为不盖膜的 60%。但是这种治盐方法只是暂时的治标措施,因为此法的作用仅局限在 0~5 厘米土层,对 5~25 厘米土层内总盐量并没有减少,揭膜后,盐分仍会随土壤水分运动而上升。

2. 深耕灌水洗盐 日光温室丝瓜收获后,利用休闲期深耕整平,做成大畦后用大水浇灌 1~2 次,可降低土壤盐分,如果能利用地下管道排水更好。

3. 种植吸盐作物 利用温室休闲阶段种植苜蓿、绿豆、大豆或玉米等作物,既可除去盐分又不误下茬丝瓜种植,可作为牲畜的青饲料及时拔除。

4. 增施有机肥料 每 667 平方米可增施牛、马粪若干立方米,也可把作物秸秆铡碎撒施深翻于土壤中,以每 667 平方米施用 1 000 千克为宜。如果施用草炭或稻壳、麦壳 10 立方米以上,效果更好,还可配合基施优质猪肥或鸡粪 10 立方米以上。

5. 增酸压碱 如果测试 pH 值超过 7.5 以上时,每 667 平方米土壤随水冲施醋酸溶液(食醋)10 千克左右,也可随水冲施磷酸铜 2~3 千克。

6. 科学合理地施用化肥和土壤结构改良剂 根据土壤养分分析及肥料试验结果,确定最适宜的施肥量和最协调的肥料养分配比;改变施肥方式,基肥要深施,追肥限量施用。用化肥作基肥时,将化肥与有机肥混合撒入地面,然后深翻。追肥一般较难深施,应严格控制每次施肥量,宁可增加追肥次数,也不可一次过多;合理使用化肥,亦可降低土壤中的硝酸盐浓度。追肥可采用滴灌施肥技术,同时大力推广根外施肥。保护地内施用较好的肥料有腐殖酸类肥料，此类肥料能活化土壤，使土壤疏松，能够源源不断供给作物生长所需的各种营养元素，肥效期长，并含有刺激作物的生长素，促进作物生长发育，提高抗逆性，作基肥、追肥均可。另外，可根外追施土壤磷素活化剂、EM原露等，这类肥料均属生物制剂，能提高肥料利用率，降低肥料投入，提高丝瓜的抗重茬、抗病虫害能力，增强植物代谢功能，在一定程度上可缓解连作障碍，减轻土壤酸化和盐渍化。

7. 合理灌溉　日光温室丝瓜尽量采用沟灌或滴灌，防止大水漫灌。沟灌能够保持土壤表层干爽，使耕层水气协调。滴灌更能保持耕作层土壤湿润，维护土壤团粒结构，减弱水分向上运动。而大水漫灌会破坏土壤良好结构，使土壤理化性质变劣，导致丝瓜作物根系因呼吸作用受阻而生长缓慢。采用滴灌或微喷灌技术，改变传统灌溉技术，保护地不宜小水勤施，应浇足灌透，将表土聚集的盐分下淋和降低土壤溶液浓度。可采用节水灌溉措施，如滴灌、微喷灌以降低温室内湿度，减轻丝瓜病害发生，有效地防止土壤板结，并以水调肥，可较好防止土壤盐害加剧和酸化。

8. 加深土壤耕作层　由于日光温室等保护地土壤的盐类积聚在土壤表层，所以在蔬菜收获后，要进行深翻，把富含盐分的表土翻到下层，把相对含盐较少的下层土壤翻到上面，这样可大大减轻盐害。

以上改良土壤盐渍化的措施，要因地制宜地分别实施，也可综合运用。

三、土壤酸化

(一) 表现

土壤酸化的表现有以下4个方面：一是酸性土壤滋生真菌，根际病害加重,且控制困难,尤其是丝瓜根腐病、枯萎病增多;二是土壤结构被破坏,土壤板结,物理性变差,丝瓜抗逆能力下降,抵御旱涝自然灾害的能力减弱。三是在酸性条件下,铝、锰的溶解度增大,活性提高,对丝瓜生产有毒害作用。四是在酸性条件下,土壤中的氢离子增多,对丝瓜吸收其他阳离子产生拮抗作用。

(二)原因分析

土壤酸化有以下 4 个原因:一是日光温室丝瓜的高产量,从土壤中带走了过多的碱基元素,如钙、镁、钾等,导致土壤中的钾和中微量元素被过度消耗,使土壤向酸化方向发展。二是大量施用生理酸性肥料如硝酸铵、硫酸铵等,加上日光温室温、湿度高,雨水淋溶作用少,随着栽培年限的增加,耕层土壤酸根积累严重,导致土壤酸化。三是由于日光温室复种指数高,肥料用量大,导致土壤有机质含量下降,缓冲能力降低,导致土壤酸化加重。四是高浓度氮、磷、钾复合肥的投入比例过大,而钙、镁等中微量元素投入相对不足,造成土壤养分失调,使土壤胶粒中的钙、镁等碱基元素很容易被氢离子置换。

(三)改良措施

1. 增施有机肥 增施有机肥,不仅可增加日光温室土壤有机质含量,提高土壤对酸化的缓冲能力,使土壤 pH 值升高,而且日光温室中有机物料分解利用率高,增加了土壤有效养分,改善了土壤结构,并能促进土壤有益微生物的发展,抑制丝瓜病害的发生。

2. 平衡施用化肥 根据土壤养分含量状况、丝瓜产量水平及需肥规律,合理施氮、磷、钾及微量元素肥料,既可协调土壤养分平衡,又可减缓土壤盐渍化和酸性化。减少硫酸铵、氯化铵、氯化钾等生理酸性肥料的施用。

3. 施入生石灰改良土壤 生石灰施入土壤,可中和土壤的酸性,提高土壤 pH 值,直接改变土壤的酸化状况,并且能为丝瓜补充大量的钙。施用方法:将生石灰粉碎,使其大部分可通过 100 目的筛,在整地前将生石灰和有机肥分别撒施,然后通过耕耙,使生石灰和有机肥与土壤尽可能混匀。

生石灰的施用量:土壤 pH 值为 5~5.4 时,施生石灰 130 千克(每 667 平方米施用量,以调节 15 厘米深度酸性耕层土壤计,下同);土壤 pH 值为 5.5~5.9 时,施生石灰 65 千克;土壤 pH 值为 6~6.4 时,施生石灰 30 千克。

四、土壤养分元素失调

(一)表　现

土壤营养元素比例失调,肥料利用率偏低,整体肥力水平低。

(二)原因分析

1. 施肥量大,结构不合理　一些菜农受"施肥越多产量越高"的观念影响,为了争取较高产量和经济利益,化肥投入过大,造成部分日光温室特别是高龄日光温室土壤氮、磷、钾有一定的盈余积累。氮、磷、钾施用比例不协调,由于受习惯及传统的影响,有的菜农偏施尿素、碳酸氢铵等氮肥,有的菜农偏施磷酸二铵等含磷量极高的复合肥,造成磷含量偏高,钾及其他元素相对不足,成为影响日光温室丝瓜高产的障碍因素。同时,过量不平衡地施肥,造成土壤盐积累和硝酸盐污染。硝酸盐的积累与总盐的积累有相同的趋势,会导致丝瓜中硝酸盐含量超标。硝酸盐在人体内易转变成致癌物,危害人们的健康。部分菜农偏施氮、磷、钾肥而微肥施用少或不施,使土壤养分不平衡性加剧,导致引起丝瓜生理病害增多。

2. 忽视粗有机肥的施用　少数菜农只注重施用禽粪、菜饼、人粪尿等精有机肥,由于这些速效性有机肥浓度高,分解快,能在土壤中及时转化为无机养分,在化肥用量本来就较高的情况下,加剧了土壤的酸化、盐化。对粗有机肥肥料如猪羊栏肥和稻草秸秆用量施用却少或不用,不利于改土和补充营养元素。

(三)改良途径

1. 增加有机肥料施用量,加快培肥地力 有机肥料、作物秸秆是土壤有机质的主要来源,同时富含多种作物生长所需的营养元素。施用有机肥料、实行秸秆还田,能改善土壤的理化性状,促进作物对化学肥料的吸收,提高化肥利用率,改善农产品品质,更主要的是可增加土壤有机质含量,提高土壤保肥、供肥能力,为稳产高产奠定基础。所以,日光温室土壤的施肥应以优质有机肥料为重点。

2. 大力推广配方施肥 开展作物配方施肥,改变传统、盲目的施肥为定量、科学的施肥,充分提高肥料的利用率和作物产量,改善产品品质,提高经济、生态和社会效益。配方施肥就是按照栽培目标,科学地设计并实施最佳施肥方案,实现以最少的投入,取得最佳经济效益,其核心是根据土壤养分化验及肥料试验结果,确定最适宜的施肥量和最协调的肥料养分、种类配比。丝瓜以目标产量 10 000 千克/667 米^2 计,每 667 平方米最佳施氮(N)量为 69 千克、磷(P_2O_5)为 25.5 千克、钾(K_2O)为 85 千克,其比例为 1:0.37:1.23,折合尿素(N46%)150 千克,过磷酸钙($P_2O_5$14%)182 千克,硫酸钾(K_2O 50%)170 千克。其中 1/3 基施,2/3 作多次追施。

3. 推广施用生物肥料 增施生物肥料,促进丝瓜吸收利用土壤中的营养元素,有助于土壤中营养元素肥效的提高,减少化肥施用量。据化验结果,部分日光温室土壤氮、磷、钾含量较高,土壤表层盐分积累严重,作物生理缺素增多,其原因在于施肥不合理,部分菜农寄希望于高肥量投入,比正常用量多几倍乃至几十倍化肥的投入,致使土壤产生肥害和土壤障碍。要合理增施生物肥料,如根瘤菌肥、固氮菌肥、解磷菌类肥、解钾菌类肥或几种菌类的复合肥。由于这类肥料养分全、肥效平稳,对于丝瓜高产优质,活化土壤中的氮、钾、磷及镁、铁、硅等元素,提高磷、钾及某些土壤中的微量元素的有效性及其供应水平,减轻土壤障碍因子有独特作用,也是生产绿色食品丝瓜的理想配套肥料。

五、土传病害

(一)表　现

多年种植丝瓜的日光温室,土壤中病原菌数量远高于一般大田,作物根系极易受到病原菌侵染而发生枯萎病、根腐病等病害。

(二)原因分析

日光温室复种指数高,是造成土传病害增多的原因。具体表现以下两个方面:一是日光温室丝瓜连作较为普遍,使各种病原菌易在土壤表层大量积聚,特别在日光温室小气候环境下可迅速生长繁殖,病原菌的数量急剧增多;二是冬季日光温室保温设施为病原菌安全越冬提供了良好的条件。

(三)改良途径

1. 实行轮作　轮作是防治土传病害经济有效的措施。合理进行作物间的轮作,特别是水旱轮作(例如,在 6～7 月份日光温室休闲期种一茬水稻),对预防土传病害的发生可收到事半功倍的效果。

2. 选用良种　选用抗病的丝瓜品种,可大大地减轻土传病害的危害。

3. 改进栽培方法 通过改进栽培方法来达到防治土传病害的目的。栽培防病有如下几种方法：①深沟高畦栽培，小水勤浇，避免大水漫灌。②合理密植，改善作物通风透光条件，降低地面湿度。③清洁温室，拔除病株，并在病穴内撒施石灰。④避免偏施氮肥，适当增施磷、钾肥，可提高作物抗病性；在作物生长中后期结合施药，喷施叶面肥 2～3 次。

4. 土壤消毒

（1）石灰消毒 在翻耕前每 667 平方米撒施石灰 50～100 千克再翻耕。石灰既可杀菌又可中和土壤的酸度。

（2）大水浸泡 有条件的地方可利用作物休闲季节，将水堵起来浸泡土壤。浸泡时间越长，效果越明显。如果浸泡 20 天以上，可基本控制线虫危害。

（3）高温消毒 在高温季节将日光温室土壤翻耕后盖上地膜，再关上棚膜，地面温度可达到 50℃ 以上，能杀死土壤中部分病菌。

（4）药剂消毒 防治真菌性病害可选用 30％土菌消（噁霉灵）500～800 倍液或 30％瑞苗清（噁霉灵＋甲霜灵）1 000 倍液，或 5％井冈霉素水剂 500～800 倍液淋施土壤，还可用噁霉灵 500～1 000倍液淋施土壤，或按每 667 平方米用药 3～5 千克拌适量的细土均匀撒施。防治细菌性病害，可选用 88％水合霉素（由放线菌经发酵培养制成的抗生素类杀菌剂）1 000 倍液，或 72％农用链霉素 3 000～5 000 倍液，或络氨铜适量淋施土壤。采用药剂进行土壤消毒应在播种前。

5. 增施有机肥 坚持有机肥、无机肥相结合的施肥体系。增施有机肥，最好施用纤维素多（即碳氮比高）的有机肥，对增加土壤有机质，改善土壤理化性质，增加土壤团粒结构和孔隙度；丰富作物营养元素特别是微量元素，增加土壤有益微生物的数量和活性，抑制有害微生物的繁衍生长，使土壤水、肥、气、热诸肥力要素和谐协调具有重要作用。同时，还可提高土壤的吸附能力和阳离子交换量,增强土壤持水持肥能力,从而缓解土壤次生盐渍化的发生,有利于提高作物的抗逆能力,增加作物的产量,改善品质。

六、利用石灰氮进行土壤综合改良

连作 3 年以上的日光温室,普遍发生根结线虫和死棵的问题,有的甚至造成了毁灭性的损失。如何杀灭根结线虫,解决好丝瓜死棵问题,已成为生产上必须认真对待的突出问题。目前,防治效果良好、又能适应无公害生产要求的日光温室土壤消毒方法是石灰氮(氰氨化钙)消毒法,消毒之后配合施用有机肥和生物肥,可起到事半功倍的效果。

(一)石灰氮消毒方法

1. 时间选择　在作物已收获,并已对温室清洁后进行,一般选在 7~9 月份,此时期距离下茬作物种植还有 2~3 个月,正是夏秋季节温度高、光照好的有利时机。

2. 撒施有机物　每 667 平方米施用稻草、麦秸或玉米秸秆(最好铡切为 4~6 厘米的小段,以利于耕翻整地)等有机物1 000~2 000 千克,石灰氮颗粒剂 80 千克,均匀混合后撒施于土层表面。

3. 深翻混匀　用人工或旋耕机将撒施于土层表面的有机物和石灰氮均匀深翻入土中,以深翻 30 厘米以上为好,应尽量增大石灰氮与土壤的接触面积。

4. 起垄做畦　垄高以 25 厘米,垄宽以 30 厘米为宜,整平后做成宽 1.8 米的畦(一间温室做 2 条畦),也可以按定植行距起垄。

5. 密封地面　用透明薄膜将土地表面完全覆盖封严,立柱根用土或砖块压严。

6. 膜下灌水　从薄膜下灌水,直至畦面灌足湿透土层为止。

7. 密封日光温室 修理好日光温室薄膜破损处,将日光温室完全封闭。利用日光加温,当 20～30 厘米土层温度可达 50℃左右、地表温度可达 70℃以上并持续 15～20 天,即可有效杀灭土壤中的真菌、细菌、根结线虫等有害微生物。

8. 揭膜晾晒 消毒完成后,翻耕畦面,3 天以后方可播种定植作物。定植前可移栽少量秧苗试验。

(二)注意事项

消毒要做到"三严、三足、一不得"。三严:一是石灰氮要撒严,必须全温室地面全部撒严,不留死角;二是地面封严防漏气,有利于提高处理效果;三是棚膜封严,尽量提高棚温和土壤温度。三足:一是灌水要足;二是封棚时间要足;三是揭膜晾晒时间要足,晾晒不足会影响秧苗生长。一不得:在作业前后 24 小时内不得饮用任何含酒精的饮料,以防气体中毒。

用石灰氮消毒后,石灰氮最终完全降解为尿素、氢氧化钙等物质,不会产生任何污染,有利于促进无公害丝瓜的可持续发展。

(三)配合施用有机肥、生物肥

采用石灰氮结合高温闷棚进行日光温室土壤消毒,在杀灭线虫的同时,既把生存在土壤中的有害土传病菌如立枯丝核菌、疫霉菌、腐霉菌、青枯菌、枯萎菌等进行有效地杀灭,但同时也把土壤中有益的微生物如解磷、解钾的硅酸盐菌、放线菌等杀灭。未经腐熟的畜禽粪肥、人粪尿和作物秸秆有机物都含有有害病原菌,因此,所有有机肥应在日光温室土壤消毒前一起施用到日光温室中,与土壤同时进行消毒。消毒后,尽量不再基施未经腐熟的有机肥,以防重新传入有害微生物,造成前功尽弃。

经石灰氮消毒后,土壤中的有益微生物菌已被杀灭,要尽快培育有益微生物菌群,以保证丝瓜生长发育的需要。培育有益微生物主要有以下 2 项措施：①丝瓜定植前，顺栽培行沟施正规厂家生产的 EM 菌肥或 CM 菌肥或酵素菌肥 100～150 千克，施后小水顺沟浇灌或隔行浇水一次。②丝瓜定植前，每 667 平方米随水冲施微生物菌原液 2 千克；定植后冲施微生物菌原液 2～3 次，每隔 10 天施 1 次，每次每 667 平方米施 2 千克左右。也可以两种方法结合施用。注意在施用微生物菌肥以后，不再使用杀菌剂消毒土壤或灌根，植株无病害症状时少喷施化学杀菌剂。

七、利用生物反应堆技术改良土壤

秸秆生物反应堆技术又称二氧化碳缓释富氧秸秆发酵技术，是一项能够有效解决设施蔬菜土壤连作障碍、提高蔬菜产量、改善蔬菜品质的创新栽培技术。在日光温室中应用秸秆反应堆技术改变了过去"头痛医头、脚痛医脚"防害理念，采用中医的"正本修元"方法，调节土壤中微生物的平衡，起到了改良土壤的效果。

(一)生物反应堆改良土壤的原理

土壤中存在着大量微生物，包括真菌、细菌、病残害、病毒和原生生物，每 667 平方米耕层土壤的微生物总量达到了 100～1 000 千克。这些微生物绝大多数是有益的，如有机物的分解、化肥的分解和转化都需要微生物，岩石、矿物或风化土壤中各种矿质养分的分解与释放都需要微生物。豆科作物的根瘤菌、一些原生生物的活动及分泌物等也会对作物的生长起到很好的促进作用。土壤中有害的微生物如枯萎病病原物、根腐病病原物、根结线虫等只占极少数，这些微生物在土壤中，既互相依存，又相互制约，有的还是共生或互生关系，如放线菌感染线虫后，可使线虫 48 小时后出现死亡，土壤中放线菌若基数增加就可破坏线虫的生存环境，从而抑制线虫的发生；一些有益的霉菌产生的大量菌丝体或分泌物可抑制有些霉菌的发生和蔓延等。正是由于土壤中各种微生物之间的互补与制约,才维持了土壤中微生物数量和比例的平衡,从而为作物的根系及生长提供了良好的生态环境。

日光温室属半永久性生产设施,而由于连续种植,温室内土壤微生物平衡又遭到严重破坏。秸秆反应堆技术,是将人工培育的酵素菌通过秸秆这一载体进行繁殖,然后施入土壤,相当于用"养猫"的方式控制"鼠患",从而调节温室内土壤的微生物平衡。

(二)秸秆反应堆的使用方法

1. 操作时间 在定植前 10~15 天将秸秆反应堆建造完毕。

2. 秸秆用量 所有植物秸秆均可使用,要用干秸秆。每 667 平方米日光温室的秸秆用量为 4 000~5 000 千克。

3. 菌种用量 每 667 平方米用菌种 8~10 千克。

4. 基肥和追肥用量 化肥第一年减少 50%,第二年减少 70%,第三年减少 90%。基肥不用化肥、鸡粪,可用 150~200 千克饼肥。

5. 反应堆做法 定植前在小行(种植行)下开沟,沟宽大于小行 10 厘米,一般宽为 70~80 厘米,沟深 20 厘米,沟长与小行长相等,起土分放两边,接着填加秸秆,铺匀踏实,厚度为 30 厘米;沟两头各露出 8 厘米秸秆茬,以便于氧气进入。填完秸秆后,撒饼肥,再将每沟所需的菌种均匀地撒在秸秆上,用锨轻拍一遍后,把起土回填于秸秆上,浇水湿透秸秆。3~4 天后,将处理好的疫苗撒在垄上,并与 10 厘米表土掺匀,找平垄,接着开沟放入丝瓜苗,而后覆土、浇小水。第二天打孔。10 天后盖膜、打孔。

(三)注意事项

第一,秸秆用量要和菌种用量搭配好,每 500 千克秸秆用 1 千克菌种。

第二,浇水时不要冲施化学农药,特别要禁止冲施杀菌剂。

第三,浇水后 4 天要及时打孔,用 14 号的钢筋每隔 25 厘米打 1 个孔,孔要打到秸秆底部,浇水后孔被堵死时要重新打孔。苗定植 10 天缓苗后再盖地膜,盖上地膜后还要在膜上打孔。

第四,减少浇水次数,一般常规栽培浇 2～3 次水,采用该项技术的浇 1 次水即可,切忌浇水过多。浇水后可用百菌清烟雾熏蒸剂熏蒸一次。该不该浇水可用土法判断:在表层土下抓一把土,用手攥如果不能攥成团的应马上浇水,能攥成团的千万不要浇水。而且,在第一次浇水湿透秸秆的情况下,定植时千万不要再浇大水,只浇缓苗水。浇水可以浇大管理行。

第五,前 2 个月不要冲施化肥,以避免降低菌种、疫苗活性,后期可适当追施少量有机肥和复合肥,每次每 667 平方米冲施浸泡 10 多天的豆饼 15 千克左右和复合肥 15 千克。

第六,要用好疫苗,消除土传病害,减少病害消耗。浇水后4～5 天,结合整地施入疫苗,整平、耙细反应堆 10 厘米土层待定植。

八、老龄温室换土

由于不少老龄温室根结线虫和土传病害日渐严重,虽采用多种方法灭杀害虫但效果不明显。近年来,部分菜农下大力气对老龄温室实行换土,把老龄温室 30 厘米以上的表层土挖出,换上肥沃且无土传病害的田园土。这是一项较彻底解决根结线虫和土传病害的好办法,但同时也是费时费工的劳作,因此,一定要做到科学合理,以免“费力不讨好”。老龄温室换土要注意以下问题。

(一)换土要注意选择合适的土质

一般情况下,应选用肥沃无污染的田园土。需要注意的是,如果老龄温室土壤是黏土,应换上沙质土壤;如果是沙土地,应换上黏性土壤。这样两种不同土质的土壤一掺和,更有利于蔬菜的生长。另外,如果土壤偏酸,可用偏碱的土壤中和一下;如果偏碱,就用偏酸的土壤进行改良。

(二)换土后要注意增施有机肥

换上的新土即使是取自肥沃的园地,其有机质含量也大都达不到1%。因此,换土后应及时增施有机肥。第一次施用有机肥应多一些,每667平方米可施入鸡粪18~20米³,稻壳粪35~40米³。如果施用秸秆肥,则效果更好。

(三)换土后要注意土壤消毒

换土后,为避免新土带菌以及老龄温室底层土壤中的线虫侵入新土中危害,一定要进行土壤消毒。可每667平方米棚室用棉隆20~30千克熏闷,以彻底消毒灭菌。另外,温室墙体、竹竿和工具也应消一遍毒,可用50%多菌灵1 000倍液全棚彻底喷洒。

(四)换土后要注意补"菌"

老龄温室换土后,要及时进行补"菌",尤其是对于一些新换上的生土(表土层以下的土壤),生物菌含量很低,应及时给予补充。可在土壤用棉隆熏闷后,配合基施有机肥施入含芽孢杆菌、放线菌的生物肥150~200千克,这样不仅改土效果好,还有抑制土传病害的作用。

第六章　日光温室丝瓜肥水管理技术

一、日光温室丝瓜科学施肥技术

施肥是满足丝瓜生长发育所需营养元素的重要技术措施。主要包括基肥、追肥和叶面喷肥 3 种方式。

(一)基　肥

基肥的施用是指丝瓜定植前结合土壤耕作施用肥料的过程。其作用是为了创造丝瓜生长发育所要求的良好土壤条件,为整个生育期供应养分奠定基础。基肥的效率高,肥料施得深,对培肥土壤的作用较大,也较持久。

1. 施用方法

(1)撒施　将肥料均匀地铺撒在畦面,结合整地翻入土中,并使肥料与土壤充分混匀。

撒施的优点是简单易行,使肥料与土壤混合,撒布面广,根群扩展时随处都可以吸收到养料。其缺点是肥料施用量大。

(2)沟施　在栽培畦(垄)下开沟,将肥料均匀撒入沟内,施肥集中,有利于提高肥效。

沟施的优点是施下的肥料比较集中,节省肥料,有利于前期的吸收利用。其缺点是很难满足丝瓜后期根系不断生长扩展的需要。

(3)穴施　先按株行距开好定植穴,在穴内施入适量的肥料。这种施肥方式既节约肥料,又能提高肥效。穴施的优点是肥料集中,利用率高。其缺点是比较费工。

2. 适宜作基肥的肥料种类

(1)有 机 肥

①农家肥料 系指含有大量生物物质、动植物残体、排泄物等物质的肥料。它们对环境和作物不会产生不良影响。农家肥在制备过程中,必须经无害化处理,以杀灭各种寄生虫卵、病原菌和杂草种子,去除有机酸和有害气体,达到卫生标准。主要农家肥料有堆肥、沤肥、厩肥、沼气肥、灰肥、绿肥、作物秸秆和饼肥等。其中堆肥、沤肥、厩肥、沼气肥、绿肥、作物秸秆适于撒施或条施,灰肥和饼肥适于穴施。

②商品有机肥料 系指有肥料生产厂家,按规范的工艺操作生产的商品有机肥。其产品必须是证件(检验登记证、生产许可证、质量标准)齐全,并经有关部门质量鉴定合格。商品有机肥料主要包括精制有机肥、微生物肥料、腐殖酸肥料和有机液肥等,可实行撒施、条施或穴施。

③其他有机肥 包括不含合成添加剂的食品、纺织工业的有机副产品、不含防腐剂的鱼渣、牛羊毛废料、骨粉、氨基酸残渣、家畜加工废料、糖厂废料等有机物料制成的有机肥料。可实行撒施、条施或穴施。

有机肥施用充足好处很多。一是培肥地力,可增加土壤有机氮的含量。寿光市菜农多年来重视有机肥的足量施用,使土壤有机质含量从 1% 提高到了 1.54%,土壤肥力有很大提高。二是养分全面,可满足丝瓜整个生长过程的需肥要求。三是改善土壤结构。施足有机肥有助于形成土壤团粒结构,土壤通透性和缓冲性能好,适应丝瓜耐肥水的需要,可为丝瓜高产打下基础。

但有机肥在使用过程中须注意以下两点:一是要充分腐熟。使有机肥腐熟的方法很多,常用的如鸡粪等有机肥的腐熟可在日光温室休闲期结合高温闷棚进行。在气温较低的情况下,可用含生物菌的腐熟剂如肥力高等均匀地喷洒到有机肥上促进其发酵腐熟。二是避免施用含碱有机肥。使用含碱性高的有机肥,易导致丝瓜黄化、卷叶等,而且导致土壤严重返碱。可在有机肥使用前,取一点浸水溶化,然后用 pH 试纸检测溶液,若含碱量较高,可将有机肥提前施入温室内,用大水漫灌进行水洗,也可用硫酸中和。

(2)化学肥料

①氮肥　常用的氮肥有硫酸铵、碳酸氢铵和尿素,可实行撒施、条施或穴施。硝态氮化肥施入土壤不易被土壤吸附,易灌溉淋失,故不宜大量用作基肥。

②磷肥　生产上多用水溶性磷肥,主要有过磷酸钙、重过磷酸钙和磷酸铵。这些肥料最好与一定比例的有机肥混合后条施或穴施。

③钾肥　常用的有硫酸钾和草木灰,最好与一定比例的有机肥混合后作条施或穴施。

④微量元素肥料　这类肥料种类很多,常用的有硼肥、钼肥、锌肥、锰肥、铁肥和铜肥,最好与一定比例的有机肥混合后作条施或穴施。

⑤专用复混肥料　目前普遍使用的专用肥多为复混肥,一次施肥就可同时满足丝瓜对氮、磷、钾甚至中量、微量元素的需要。可采用撒施、条施或穴施。

(3)生物肥料　包括根瘤菌肥、固氮菌肥、解磷菌类肥、解钾菌类肥、芽孢杆菌类肥和几种菌类的复合肥等。增施生物肥料,可促进蔬菜吸收利用土壤中的营养元素,减少化肥的使用量,同时可活化土壤中的氮、磷、钾及镁、铁、硅等元素,对蔬菜高产优质,减轻土壤障碍因子有独特作用。生物肥是一种活性菌,必须埋施于土壤之中,不得撒施于土壤表面,一般施深 7~10 厘米。由于生物菌对作物不会产生烧苗、烧种现象,所以生物肥应和植物根系最大限度地接触,才能有效地供给植物充分的营养,因此生物肥料要均匀施入根系范围内。

3. 施用量

基肥施用数量要根据土壤肥力的高低来确定。当土壤中速效氮、磷、钾和微量元素低于丝瓜生长需肥临界值时，就要首先施用化学肥料以补充土壤肥力不足。有机质低于 1.2% 的土壤，每 667 平方米必须施用 3 米^3 以上的有机肥料，才能满足作物生长的需要。化肥具体施肥量则要根据目标产量、当地施肥水平和土壤肥力情况相应调整，一般情况下每 667 平方米施尿素 50～80 千克、过磷酸钙 60～100 千克、硫酸钾 50～60 千克。

生产上如果以商品有机肥代替鸡粪作基肥使用，一般每 667 平方米用量在 300～1 000 千克，土壤状况较差的可适当增加用量。

3 年以上的日光温室可适当增施生物有机肥，一般每 667 平方米用量在 100～300 千克，5 年以上的老龄日光温室应适当减少化肥用量，增加生物有机肥用量。

微量元素对丝瓜的生长发育起着大量元素（如氮、磷、钾等）无法替代的作用，一旦某种微量元素缺乏，丝瓜就会表现出相应的缺素症状，但许多微量元素从缺乏到过量之间的临界范围很窄，如果施用微肥的量过大或不均匀，往往会对丝瓜产生毒害作用。以下是日光温室丝瓜常用微肥作基肥的安全用量。

铁肥（硫酸亚铁）：每 667 平方米土壤施用量 2～2.5 千克，1～2 年施 1 次。

硼肥（硼砂或硼酸）：每 667 平方米土壤施用量 0.75～1.25 千克，2～3 年施 1 次。

锰肥（硫酸锰或氯化锰）：每 667 平方米土壤施用量 1～2.25 千克，2～3 年施 1 次。

铜肥（硫酸铜）：每 667 平方米土壤施用量 1.5～2 千克，1～2 年施 1 次。

锌肥（硫酸锌）：每 667 平方米土壤施用量 0.25～2.5 千克，

1～2年施1次。

钼肥（钼酸铵）：每667平方米土壤施用量60～150克，3～4年施1次。

(二)追　肥

追施是指在丝瓜生长过程中加施肥料的过程。其作用主要是为了供应丝瓜某个时期对养分的需要，以补充基肥的不足。追肥量一般约占丝瓜作物全生育期总施肥量的1/3甚至更多。常用的追肥方法有以下4种。

1. 埋施　在丝瓜株间、行间开沟挖坑，将肥料施入，再覆盖土壤的一种追肥方式。

(1)优缺点　其优点是肥料浪费少，最经济。其缺点是劳动量大，费工，且操作不太方便。

(2)肥料种类　硫酸铵、尿素、过磷酸钙、硫酸钾、复合肥以及充分腐熟的有机肥和生物菌肥均可埋施作追肥。

(3)施用方法　施用时要注意埋肥的沟、坑要离丝瓜根、茎基部10厘米以上，若离根太近则易损伤根系。其施肥量冬季每667平方米每次施10千克左右，春季每667平方米每次施20千克左右。埋施后一定要浇水，以降低埋施的肥料浓度。

2. 冲施　即把固体的速效化肥溶于水中或把腐熟的鸡粪混入水中并以水带肥的方式施下。通过肥水结合，让可溶性的氮、钾养分渗入土壤中，供作物根系吸收。是目前最常用的一种追肥方式。

(1)冲施的优缺点　其优点，一是施肥均匀，便于丝瓜根系的吸收；二是肥料均匀分布于田间，不会发生肥害；三是不开沟不挖穴，不伤根系；四是该施肥方法适宜于地膜覆盖栽培形式；五是用法简单，省工省时，劳动量小。其缺点是浪费的肥料较多，在渠道内容易渗漏流失，在田间丝瓜根系达不到的深层，也会渗入部分肥料造成浪费,肥料利用率只有 30%~40%,甚至更低。

(2)冲施的肥料种类 从肥料化学性状及内在营养成分上主要划分为 3 种:一是有机型,如氨基酸型、腐殖酸海洋生物型等;二是无机型,如磷酸二氢钾型、高钙高钾型等;三是微生物型,如光合细菌型、酵素菌型等。另外,市场上还有一种将有机、无机、生物等原材料科学地加工、复配在一起而生产的新型冲施肥,属于复合型制剂。

只有水溶性的肥料方可随水施用。氮肥中常用尿素、硫酸铵和硝酸铵;钾肥常用氯化钾和硫酸钾,也可用硝酸钾。而磷肥种类即使是水溶性的磷酸一铵和磷酸二铵,也不要用作冲施,其原因是磷肥的移动性差不能随水渗入根层,磷肥的施用只能埋入土中。

(3)追肥量 每次追肥量可根据丝瓜生长需肥量确定。不计基肥养分的量追肥时,一般每 667 平方米目标采收量为 1 000 千克,施用纯氮(N)6.9 千克、纯磷(P_2O_5)2.55 千克、纯钾(K_2O)8.5千克。根据不同追肥品种进行折算,如折合尿素 15 千克、过磷酸钙 18.2 千克、硫酸钾 17 千克,扣除基肥养分的供给量时,应根据丝瓜生长期长短和不同采收量,适当扣除基肥供养分量。

(4)注意事项

①有机肥与无机肥相结合 不少农民无论冲施,还是追施,均以化肥为主。虽然有些冲施肥含有腐殖酸,但无机肥多以硝酸铵、尿素等氮肥为主,短期内丝瓜长势好,但缺乏长期效应。也有些冲施肥以饼肥(麻籽饼、棉籽饼、豆饼)和磷酸二铵(或硝酸铵)为主,效果欠佳,原因是饼肥发酵需一定的时间。

②大水与小水冲施相结合 不少农民无论苗期、结果期均采用大水冲施肥,使得肥水过大,引起苗病、烂根和沤根。无论生物肥、有机肥,还是化肥都要看苗施肥,用量要合理,并且施用肥水后要及时中耕松土。

③生物肥与化肥相结合 生物肥料含有十几种有益菌,具有

活化土壤、调节养分的功效,与无机肥(化肥)配合施用,能解除肥害,增加土壤有机质,促进根系发育。对于土传病害发生严重的日光温室,应选择使用具有防病功效的芽孢杆菌类生物肥;土壤中氮、磷、钾积累较多的老龄日光温室,应选择使用具有解磷、解钾作用的酵素菌型生物肥。

此外,冲施肥在使用过程中要根据种植区内的土壤供肥能力、基肥施用量以及所种植的需肥特点,确定适合的冲施肥品种。要仔细阅读所选购冲施肥的使用说明书,掌握适合的施肥时期、施用量和施用方法,不可凭以往的施肥经验施用,以免造成不必要的损失。

3. 敞穴施肥　在日光温室丝瓜生产中,存在的突出问题是施肥量过大。过量施肥不但增加生产成本,还会造成土壤养分的积累、硝酸盐的淋洗、产品质量变劣和土壤盐化等环境问题。造成过量施肥的主要原因是日光温室丝瓜追肥多采用冲施方法,肥料均匀地溶解在水内,在灌水量较大的情况下,肥料的浓度较低,供肥强度低,不利于丝瓜根系的吸收。为克服以上弊端,可采用敞穴施肥法。

(1)**基本方法**　在两株丝瓜中间的垄上挖一个敞穴,穴在灌水沟内侧,向沟内侧开豁口,豁口低于沟灌水位但高于沟底,使部分灌溉水可流入穴内,以溶解和扩散肥料。覆盖地膜后,在穴上方将地膜撕出一个孔,在每次灌水前1～2天,将肥料施入穴内。一次制穴,可供整个丝瓜生育期使用。

(2)**优缺点**　敞穴施肥的优点是比常规穴施肥减少了每次挖穴、覆土的工序,使集中施肥在日光温室丝瓜覆盖地膜的情况下得以实现;克服了冲施肥供肥强度低,肥料利用率低的缺点。这样,在较易农事操作的情况下,实现了集中施肥,提高了供肥强度。其缺点是追肥过于集中,一次施用量过多,容易引起烧根;受穴大小的限制,不能追施腐熟鸡粪等有机肥。

（3）肥料种类　除鸡粪、厩肥以外的各种肥料均适宜敞穴施肥。

（4）操作方法　翻耕、起垄、移栽丝瓜等农事操作按照常规；在丝瓜缓苗后，覆盖地膜前，在两株丝瓜之间的垄上挖一个敞穴，敞穴靠近灌水沟内侧，且向灌水沟侧敞开，敞穴的穴底高出灌水沟的沟底约 5 厘米。地面覆盖地膜后，在敞穴上方将地膜撕开一个孔洞，孔洞大小以方便向穴内施肥为度。在浇水前 1～2 天施入普通复合肥，以含硝态氮和硫的复合肥为好。冬季每 667 平方米每次施 12.5 千克左右，春季每 667 平方米每次施 30 千克左右。浇水次数和浇水量根据各地习惯（图 6-1）。

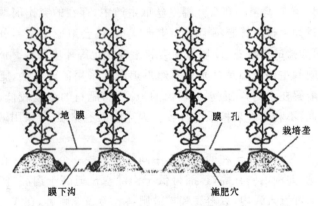

图 6-1　丝瓜敞穴施肥

4. 滴灌施肥　滴灌施肥是将施肥与滴灌结合起来的一种新的农业技术。滴灌是滴水灌溉的简称，它利用一整套系统设备，将灌溉水加低压（或利用地形落差自压）、过滤，通过管道输送到滴头，使灌溉水呈水滴状，均匀而缓慢地滴入到作物根区附近的土壤表面或土壤内，适时、适量地向作物根区供应水分，以经常保持适宜于作物生长的最优水分状态，而作物株、行间根区以外的土壤仍然保持较干燥的状态。滴灌可将可溶性肥料随水施到作物根区。凡采用滴灌设施浇水的丝瓜日光温室均采用这一方式追肥。

(1)滴灌施肥的优缺点 其优点一是适时适量地直接把肥料施于根系集中层,应少施勤施,使施肥达到定时、定位,以便于作物吸收,减少损失,充分发挥肥效;二是以少量多次的方式向作物提供养分,可满足作物整个生长期对养分的需求;三是可根据作物生长期营养特性的变化,对供给的养分进行调控;四是由于地膜覆盖,肥料几乎不挥发、无损失,肥料虽集中,但浓度小,因而既安全,又省工省力,效果良好。滴灌施肥肥料利用率达80%以上。其缺点是选用肥料必须水溶性好,施用的肥料受到一定的限制。

(2)滴灌施肥对肥料的要求 ①为防止滴头堵塞,要选用溶解性好的肥料,如尿素、磷酸二氢钾等。施用复合肥时,尽量选择完全速溶性的专用肥料。确需施用不能完全溶解的肥料时,必须先将肥料在盆或桶等容器内溶解,待其沉淀后,将上部溶液倒入施肥罐进入滴灌系统,剩余的残渣则可施入土中。②一般将有机肥和磷肥作基肥施用。因为有的磷肥如过磷酸钙只是部分溶解,其残渣易堵塞喷头。③要选择对灌溉系统腐蚀性小的肥料。如硫酸铵、硝酸铵对镀锌铁的腐蚀严重,而对不锈钢基本无腐蚀;磷酸对不锈钢有轻度的腐蚀;尿素对铝板、不锈钢和铜无腐蚀,对镀锌铁有轻度的腐蚀。④追施的肥料品种必须是可溶性肥料,要求纯度较高,杂质较少,溶于水后不会产生沉淀,否则不宜作追肥。一般氮肥和钾肥要选用符合国家标准或行业标准的尿素、碳酸氢铵、硫酸钾和氯化钾等。补充磷素一般采用磷酸二氢钾等可溶性肥料作追肥。追补微量元素肥料,一般勿与磷素追肥同时使用,以免形成不溶性磷酸盐沉淀而堵塞滴头或喷头。

(3)膜下滴灌施肥技术的操作方法

①肥料品种的选择 利用滴灌施肥也要按作物对养分的需求选择合适的肥料种类。由于丝瓜在生长中后期既要使植株具有一

定的营养生长势,又要确保瓜果具有较好的品质,所以一般选用尿素、磷酸二氢钾等提供大量元素,选择水溶性好的多效硅肥、硼砂、硫酸锰、硫酸锌等提供中、微量元素。其中,微量元素也可直接用营养型叶面肥,如肥力宝等。具体选用什么肥料,要根据基肥的特性和植株长势确定。

②配制肥料溶液　肥料溶液可根据施肥方法配制成高浓度和低浓度两种溶液。高浓度溶液就是将尿素、磷酸二氢钾等配制成 5%～10% 的水溶液,中、微量元素配制成 1%～2% 的水溶液;低浓度溶液就是将尿素、磷酸二氢钾等配制成 0.5%～1% 的水溶液,中、微量元素配制成 0.1%～0.2% 的水溶液,均可直接施用。

③肥料用量及混用　每次每 667 平方米尿素施用量为 3～4 千克,每次每 667 平方米磷酸二氢钾用量为 1～2 千克,这两种肥料也可混合施用。中、微量元素一般每一种肥料在一季作物中不能超过 1 千克,每年都施用的田块不超过 0.5 千克。

④施肥方法　用高浓度溶液施肥时,可与灌水同时进行,即打开施肥器吸管开关,使肥液随水流进入软管,肥液的流量用开关控制;用低浓度溶液直接施肥时,将灌水阀门关闭,打开施肥器吸管的开关,把过滤器固定在肥液容器底部,接通肥液即可施肥。

⑤注意事项　配制的肥液不应含有固体沉淀物,以防止滴孔被堵塞。高浓度肥液流量要控制好,不宜太大,防止浓度过高伤害作物根系。施肥结束后,要关闭吸管上的开关,打开阀门继续灌水数分钟,以便将管内残余肥料冲净。

(三)叶面喷肥

1. 丝瓜采用叶面追肥的好处　①叶面追肥可使丝瓜通过叶部直接得到有效养分,而采用根部追肥时,某些养分常因易被土壤固定而降低植株对它们的利用率。②叶部养分吸收转化的速度比根部快。以尿素为例,根部追施 4～5 天才能见效,叶面喷施当天即可见效。③叶面追肥可以促进根部对养分的吸收,提高根部施肥的效果。④叶面喷施某些营养元素后,能调节酶的活性,促进叶绿素的形成,使光合作用增强,有利于改善果实品质,提高产量。总之,叶面追肥是一种成本低、见效快、方法简便、易于推广的施肥方法。但丝瓜吸收矿质营养主要靠根部,叶面追肥只能作为一种辅助手段,生产上仍应以根部施肥为主。采用叶面追肥时,必须在施足基肥并及时追肥的基础上进行,只有这样,才能取得理想的效果。

2. 适合作叶面追肥的肥料种类　适合作叶面追施的肥料通常称为叶肥、叶面肥或叶面营养液。根据其作用和功能等,可分为以下 4 大类。

(1)营养型叶面肥　此类叶面肥中氮、磷、钾及微量元素等养分含量较高,主要功能是为作物提供各种营养元素,改善作物的营养状况,尤其是适宜于作物生长后期各种营养的补充。

(2)调节型叶面肥　此类叶面肥中含有调节植物生长的物质,如生长素、激素类等成分,主要功能是调控作物的生长发育等。适于植物生长前期、中期使用。

(3)生物型叶面肥　此类肥料中含微生物体及代谢物,如氨基酸、核苷酸、核酸类物质。其主要功能是刺激作物生长,促进作物代谢,减轻和防止病虫害的发生等。

(4)复合型叶面肥　此类叶面肥种类繁多,复合混合形式多样。其功能有多种,一种叶面肥既可提供营养,又可刺激生长和调控发育。

3. 根据丝瓜的需肥特点合理选用叶面肥　丝瓜叶面追肥以氮、磷、钾混合液或多元复合肥为主,如 0.2%～0.3%磷酸二氢钾溶液、0.5%尿素+2%过磷酸钙+0.3%硫酸钾溶液、0.05%稀土微肥溶液等,一般在生长期喷洒 2～3 次。喷施宝、叶面宝、光合微肥等在丝瓜栽培中应用,也有良好的作用。另外,丝瓜结瓜期喷洒

1%葡萄糖或蔗糖溶液,可显著增加丝瓜的含糖量;喷洒以 0.2%尿素＋0.2%磷酸二氢钾＋1%蔗糖组成的"糖氮液",不仅能增加产量,而且能增强植株的抗病能力,减轻霜霉病等病害的发生。

4. 丝瓜叶面追肥应注意的问题

(1)喷洒浓度要合适 叶面追肥一定要控制好喷洒浓度,浓度过高很容易发生肥害,造成不必要的损失。特别是微量元素肥料,丝瓜从缺乏到过量之间的临界范围很窄,更要严格控制;浓度过低则收不到应有的效果。

(2)喷洒时间要适宜 影响叶面追肥效果的主要因素之一是肥液在叶面上的湿润时间,叶面上的湿润时间越长,叶面吸收的养分越多,效果也就越好。因此,叶面追肥一定要根据天气状况选择适宜的喷洒时间,日光温室栽培一般在晴天上午 10 时以前喷洒为最好。

(3)肥料混用要得当 叶面追肥时,将 2 种或 2 种以上的叶面肥合理混用,其增产效果更加显著,并能节省喷洒时间和用工。但肥料混合后必须无不良反应或不降低肥效,否则达不到混用的目的。另外,肥料混合时还要注意溶液的浓度和酸碱度,一般情况下,溶液的 pH 值为 6～7 时有利于叶面吸收。

(4)喷洒质量要保证 叶面追肥要求雾滴细小、喷洒均匀,尤其要注意喷洒生长旺盛的上部叶片和叶片背面。因为新叶比老叶、叶片背面比正面吸收养分的速度快,吸收能力强。

(5)叶面施肥的间隔时间要适宜 适宜的间隔时间为 5～7天。其中无机化肥喷肥间隔时间一般不少于 7 天,有机肥的间隔时间一般为 5 天左右。

(6)丝瓜生长发育所需的基本营养元素 主要来自于基肥和采取其他方式追施的肥料,根外追肥只能作为一种辅助措施。

5. 叶面肥使用不当后的处理 叶面喷肥发生伤叶时,要用清水冲洗掉叶面多余的肥料,增加叶片的含水量,以缓解叶片受害程度。土壤含水量不足时要浇水,以增加植株体内的含水量,降低茎叶中的肥液浓度。

二、日光温室丝瓜二氧化碳施肥技术

(一)二氧化碳施肥对丝瓜的影响

绿色植物在进行光合作用时,都要吸收二氧化碳而放出氧气。二氧化碳是植物光合作用的重要原料之一,在一定的范围内,植物的光合产物随二氧化碳浓度的增加而提高。二氧化碳气肥在保护地蔬菜生产中的作用尤其明显,可以大大提高光合作用效率,使之产生更多的碳水化合物。在保护地丝瓜栽培中,二氧化碳亏缺是限制丝瓜高产高效的重要因素之一。

大气中二氧化碳的含量一般为 300 毫升/米^3,这个浓度虽然能使丝瓜正常生长,但不是进行光合作用的最佳浓度。丝瓜在保护地栽培时,密度大且以密闭管理为主,通风量小,尽管温室内丝瓜呼吸、有机肥发酵、土壤微生物活动等均能放出一部分二氧化碳,但只要丝瓜进行短时间的光合作用后,温室内的二氧化碳含量就会急剧下降。用红外线气体分析仪测试得知,4 月份保护地早晨拉帘前二氧化碳浓度最高值达 1 380 毫升/米^3,等到日出拉开草苫后,随着光照强度的增加和温度的升高,光合速率加快,温室内二氧化碳的浓度迅速下降,上午 11 时温室内二氧化碳的浓度降至135 毫升/米^3,由此可见温室内二氧化碳亏缺的程度。温室内二氧化碳浓度低于自然大气水平的持续时间一般是从上午 9 时到下午 5 时,从下午 5 时以后随着光照强度减弱停止通风,盖上草苫,温室内二氧化碳浓度才逐渐回升到大气水平以上。当温室内温度达到 30℃开始通风后,温室内的二氧化碳得到外界的补充,但远低于大气水平,因而不能满足丝瓜正常生长发育的需要。测量结果表明,每天有效光合作用时,保护地内二氧化碳一直表现为亏缺状态,严重影响了丝瓜光合作用的正常进行,制约了丝瓜产量的提高。

试验证明,合理施用二氧化碳气肥,可提高丝瓜光合速率,增加植株体内糖分的积累,从而在一定程度上提高了丝瓜的抗病能力。增施二氧化碳气肥,还能使叶片和果实的光泽变好,提高果实外观品质,同时可大幅度提高果实中维生素 C 的含量,改善营养品质,可使丝瓜增产 15％～30％,效益相当可观。

(二)日光温室内施用二氧化碳的时间

日光温室丝瓜生长发育前期,植株较小,吸收二氧化碳数量相对较少,加之土壤中有机肥施用量大,分解产生的二氧化碳较多,此期一般可以不施二氧化碳。若过早施二氧化碳,会导致茎叶生长过快,而影响开花坐果,不利于丰产。进入坐果期后,应加大二氧化碳施用量,到开花结果期正值营养需求量最大的时期,也是二氧化碳施用的关键期。此期即使外界温度较高,通风量也加大了,但每天仍然要进行短时间的二氧化碳施肥。一般每天约有 2 小时的高浓度二氧化碳时间,就能明显地促进丝瓜生长。结果后期,植株的生长量减少,应停止施用二氧化碳,以降低生产费用。一天内,二氧化碳的具体施用时间应根据日光温室内二氧化碳的浓度变化以及植株的光合作用特点进行安排。一般晴天日出半小时后,日光温室内的二氧化碳浓度下降就较明显,浓度低于光合作用的适宜范围,所以晴天揭帘后应开始施用二氧化碳;多云或轻度阴天,可把施肥时间适当推迟半小时。

(三)二氧化碳气体施肥方法

二氧化碳气肥使用方法比较简便,目前常用的主要有液态二氧化碳释放法、硫酸与碳酸氢铵反应法、碳酸氢铵加热分解法、燃烧气肥棒二氧化碳释放法、固体二氧化碳气肥直接施用法和微生物法等 6 种。

1. 液态二氧化碳释放法　钢瓶二氧化碳气的供应可根据流量表和保护地体积准确控制用量。但由于钢瓶中二氧化碳温度很低(可达−78℃),在向保护地中输入前必须使其升温,否则会造成温室内温度下降,不利于甚至危害丝瓜的生长。故在使用时需通过加热器将气体加热到相对比较恒定的温度再输出。输出时选用直径 1 厘米粗的塑料管,通入保护地中,因为二氧化碳的比重大于空气,所以必须把塑料管架离地面,最好架在温室内较高的位置。每隔 2 米左右,在塑料管上扎上一个小孔,把塑料管接到钢瓶出口,出口压力保持在 1~1.2 千克/厘米^2,每天根据需要放气 8~10 分钟即可。

该方法虽比较容易实现自动控制,但在气温高的季节还是不利于实施。

2. 硫酸与碳酸氢铵反应法　该方法须采用二氧化碳发生器来进行,选用的原料是碳酸氢铵和硫酸,塑料管架设方法同上。其原理是碳酸氢铵和硫酸反应释放出二氧化碳,供给丝瓜进行光合作用,生成的副产品硫酸铵可用作追肥用。其反应式如下。

$$2NH_4HCO_3 + H_2SO_4 = (NH_4)_2SO_4 + 2CO_2 \uparrow + 2H_2O$$

3. 碳酸氢铵加热分解法　将碳酸氢铵装入专用容器,加热使其分解出二氧化碳、氨气和水。其反应式如下。

$$NH_4HCO_3 \rightarrow CO_2 \uparrow + 2H_2O + NH_3 \uparrow$$

分解出的气体通过一个容器过滤,把氨气溶解到水中,只放出二氧化碳,然后通过架设的塑料管释放到保护地中供丝瓜进行光合作用。

4. 燃烧气肥棒二氧化碳释放法　直接燃烧成品的气肥棒,即可产生二氧化碳供丝瓜吸收利用,此法简便易行,安全、成本低、效果好、易推广。

5. 固体二氧化碳气肥直接施用法 通常将固体二氧化碳气肥按每平方米 2 穴、每穴 10 克施入土壤表层,并与土壤混合均匀,保持土层疏松。施用时勿靠近丝瓜的根部,使用后不要用大水漫灌,以免影响二氧化碳气体的释放。

6. 微生物法 增施有机肥,使其在微生物的作用下缓慢释放二氧化碳作为补充。秸秆生物反应堆技术就是微生物法的一种应用形式。

(四)施用二氧化碳气肥应注意的问题

第一,施用二氧化碳气肥时,温室内温度要在 15℃以上,且要在拉帘后 1 小时开始施用,通风前 1 小时结束。

第二,施用适期一般在丝瓜坐住瓜后、二氧化碳相当亏缺时,并须在晴天上午光照充足时施用,浓度可掌握在 1 500～2 200 毫升/米^3,少云天气可少施或不施,阴雨雪天气不能施用。

第三,采用硫酸碳铵反应法施肥时,对于反应所产生的副产品——硫酸铵在使用前,应先用 pH 试纸测酸碱度。若 pH 值小于 6,则须再加入足量的碳酸氢铵中和多余的硫酸,使其完全反应后,方可对水作追肥用。在整个反应过程中要做好气体输出的水过滤工序,减少或避免有害气体的释放。同时各项操作要小心,以防止硫酸溅出或溢出。在稀释浓硫酸时,一定要把浓硫酸倒入水中,千万不能把水倒入浓硫酸中,因为水的比重比浓硫酸的比重小,把水倒入浓硫酸中时,水容易溅出伤人。碳酸氢铵易挥发,不能将大袋碳酸氢铵放在温室内,防止丝瓜遭受氨气的毒害,应分装后带入温室内使用。

第四,丝瓜施用二氧化碳气肥后,光合作用增强,因此要相应改善水肥供应并加强各项管理措施,以达到高产稳产的目的。

三、日光温室丝瓜浇水技术

(一)浇水原则

1. 看墒情浇水 要根据当时的墒情决定是否浇水,其依据是:土壤能用手握成团,落地能散开应浇水,落地不散可暂时不浇水;绝不能根据天数决定是否浇水。同时,浇水不能过量,因为水的比热大,冬季浇水过量容易导致地温下降,还造成土壤透气性差,导致丝瓜沤根、生长缓慢、产量低等现象的发生。需要浇水时,只需在小垄沟内浇小水,而且浇水后要提高棚室内的温度,避免地温下降造成丝瓜根系受伤。

2. 看苗浇水 就是根据丝瓜外部形态表现判断土壤含水量的多少,而后决定该不该浇水。在不同的水分条件下,植株其长势表现不同。水分充足时,生长点嫩绿;缺水时,则生长点叶片小,叶色浓绿,颜色深于下部叶片,而且易出现尖嘴瓜。瓜秧一旦发生上述现象,就应尽快浇水。看苗掌握水分情况进行适时浇水。

3. 按照生育阶段浇水 丝瓜按不同生育期浇水是一般的规律。日光温室丝瓜在普浇底水的基础上,每株再浇1.5～2升的定植水,定植后5～7天浇透缓苗水。之后日光温室内土壤湿度以见干见湿为宜,浇水的原则是浇瓜不浇花,也就是说开花期不宜浇水,坐稳一批瓜时再浇水。始瓜期植株矮小,叶面蒸腾量小,瓜数也少,通风量也小,一般每5～7天浇1次水,并须膜下轻浇;盛瓜期随着植株蒸腾量增大,结果数量增多,通风量增大,一般3～4天浇1次水,并增大浇水量;末瓜期植株趋于衰老,应酌情减少浇水次数和浇水量。采瓜期浇水应选在采瓜前进行,这样可使水多供果少供秧,有利于果实增重和提高鲜嫩程度,又可避免空秧浇水导致的疯长。

4. 根据气候特点浇水 冬季一般选择在晴天浇水,浇后最好能有几个连续晴天。一天之中,冬天或早春浇水应在上午进行,这样做不仅水温地温差距较小,地温也容易恢复,而且还有充分的时间排湿。一般不宜在下午、傍晚特别是在阴天、雪天浇水,否则易造成温室内湿度过大,引起病害大发生;中午也不宜浇水,以免高温浇水影响根系生态功能。夏、秋季节应选在早晚浇水,这时天气炎热,日光温室可昼夜通风降温。

5. 使用先进科技浇水 就日光温室丝瓜而言,高温高湿或低温高湿都是造成病害发生、蔓延的一个重要原因,使用传统粗放的大水漫灌方式,既容易降温又增大湿度。如果改用膜下滴灌,即用地膜覆盖,膜下铺设滴灌管或滴灌带,不仅地膜覆盖可以提高地温,改善近地光照,而且还可减少土壤水分蒸发,降低空气湿度,可减少病害发生。同时,要注意浇水的水温,冬季定植时宜用15℃左右的温水,平时水温要求尽量与当地地温接近,最好使用井水灌溉。切忌使用河水或池塘中的冷水。浇水量要适宜,特别是冬季温室丝瓜严重缺水时,切不可浇水量过大,否则土壤易缺氧而引起根系窒息烂根,地上部叶片发黄甚至死亡。如果水温过低,必须想办法获取温水。一是利用深层地下水。深层地下水的温度较地面水的温度高,适合用于冬季日光温室内浇灌,可利用水泵提取深层地下水进行浇灌。二是在日光温室内预热水。可在日光温室内建贮水池,用透光性能好的塑料薄膜覆盖,利用日光温室内的光照以及日光温室内多余的热量提高水温,待池水温度升高再浇水。三是利用太阳能预热水。在日光温室顶部安装1~3部太阳能热水器,将温度适宜的水贮存于日光温室内的水池内,浇水时从池内提水即可。

(二)主要浇水方式

1. 明水沟灌 沟灌是我国地面灌溉中普遍应用于中耕作物

的一种较好的灌水方法。实施沟灌技术,首先要在作物行间开挖灌水沟,灌溉水由输水沟或毛渠进入灌水沟后,在流动的过程中,主要借土壤毛细管作用从沟底和沟壁向周围渗透而湿润土壤。同时,在沟底也有重力作用浸润土壤。但在日光温室中采用沟灌,一次灌水量大,地表长时间保持湿润,不但棚温、地温降低太快,回升较慢,且蒸发量加大,水蒸气不易散发,温室内湿度较大,易导致丝瓜病虫害发生。因此,日光温室丝瓜不宜采用明水沟灌。但日光温室丝瓜在夏、秋高温季节不覆盖地膜的条件下,有时可以采用沟灌法浇明水。

2. 膜下沟暗灌　日光温室内所种丝瓜一律采取起垄栽培,在定植后接着用地膜将两垄覆盖,使两垄间构成空间,灌水时控制在膜下进行。这一技术称为日光温室膜下暗灌技术(图 6-2)。实行膜下暗灌,一要注意浇水量适中;二要使小垄沟均匀受水,南北两头见水;三要及时封闭进水口,尽量避免水蒸气逸出。

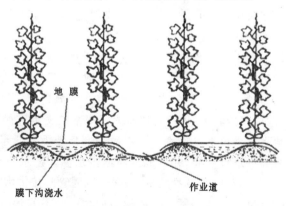

图 6-2　丝瓜膜下沟浇暗水

膜下沟暗灌的优点是省水,易于管理。膜下暗灌技术比传统的畦灌节水 50%～60%,比明水沟灌可节水 40%左右;不增加日光温室内空气湿度,可减少丝瓜发病的机会;空气湿度小,还可减少温室内起雾的机会,从而不影响光照,可迅速提高棚温;可减少土壤水分汽化损失,从而减少浇水次数。

采用膜下沟暗灌技术,要求膜下的灌水沟处在水平状态,防止灌溉不均匀。

3. 膜下滴灌 膜下滴灌是覆膜种植与滴灌相结合的一种灌水技术,也是地膜栽培抗旱技术的延伸与深化。它根据丝瓜生长发育的需要,将水通过滴灌系统一滴一滴地向有限的土壤空间供给,仅在丝瓜根系范围内进行局部灌溉,也可同时根据需要将化肥和农药等随水滴入丝瓜根系。膜下滴灌作为一种新型的节水灌溉技术,与地表灌溉、喷灌等技术相比,有着其无可比拟的优点,是目前最为节水、节能的灌水方式。

(1)膜下滴灌的供水 日光温室滴水灌溉用水多数为井水,但用提井水的泵直接向温室内滴灌供水,存在着同时供水而又多品种蔬菜不同时用水的矛盾。因此,日光温室膜下滴灌的供水一般应选择以下4种形式。

①地下贮水池加微型水泵供水 对于每座日光温室,在日光温室外附近建5～7立方米地埋式贮水池,用机井集中向池中供水,滴灌时每座温室装微型水泵加压,并在滴灌首部装过滤器等。就整体计算,投资较大,但对每座日光温室来说易建易管。

②地上贮水池重力供水 贮水池底部离地面0.5米以上,不需用水泵即可进行滴灌,并且能提高池内水温。贮水池与地面之间的压力差,即池内水自身的重力,通过滴灌管直接供水。在滴灌首部装化肥罐和过滤器等。但在温室内建一个贮水池,不仅占用温室空间,而且投资大,操作又非常麻烦。

③高塔集中供水 对于面积适中、温室集中、水源单一的地块,可选择用水塔作为供水的加压和调蓄设施,温室内不再另设加压设备。在水泵与水塔的输水管道上装过滤器等。建设水塔一次

性投资较大,但运行费用低,还可起到一定的调蓄水量作用。

④压力灌供水　对于日光温室多而又集中的片区,可采用压力罐集中加压,压力罐安装在水泵和滴灌之间,可在无人控制下保证管网连续工作,温室内不再另设加压设备。在水源处设置由旋流水沙分离器和筛网过滤器组成的过滤设施。压力罐供水的优点是一次性投资小、管理方便,其缺点是增加了灌溉运行的费用。

(2)膜下滴灌的应用

①滴灌毛管的选用　温室丝瓜吊蔓密植栽培,根系发育范围小,对水分和养分的供应十分敏感,要求滴头布置密度大,毛管用量多,因此毛管可选用价格较低的滴灌带,这样可有效地降低滴灌造价,且运行可靠,安装使用方便。

②膜下滴灌的布置　在滴灌进棚前,应顺棚跨起垄,垄宽40厘米,高10~15厘米,做成中间低的双高垄,将滴灌带放在双高垄的中间低凹处,垄上覆盖地膜。双高垄的中心距一般为1米,因而滴灌毛管的布置间距为1米。滴灌毛管的每根长度一般与棚宽(或棚长)相等,对需水量大的丝瓜有时也布置两道。支管布置一般顺棚的后墙长度与棚长相等。在支管的首部安装施肥装置和二级网式过滤器等。

③滴灌丝瓜的效益　日光温室膜下滴灌一般比大水漫灌节水70%左右,并能大幅度降低温室内湿度,减少病虫害,因此提高丝瓜的品质。实行滴灌比大水漫灌棚温高,丝瓜可提前上市半个月,可增产丝瓜10%~25%,投资回收期一般为4~6个月。

(3)膜下滴灌的管理　要做到以下3点:一是规范操作。要想达到丝瓜滴灌的最佳效果,其设计、安装、管理必须按规范操作,不能随意拆掉过滤设施和在任意位置自行打孔。二是注意过滤。日光温室膜下滴灌丝瓜,要经常清洗过滤器内的网,发现滤网破损要更换,滴灌管网发现泥沙应及时打开堵头冲洗。三是适量灌水。每次滴灌时间的长短要根据缺水程度和丝瓜品种安排,一般控制在 1～4 小时。

(三)冬季丝瓜如何科学浇水

1. 小水勤浇　每次浇水量要小,通过增加浇水次数来满足丝瓜正常的需水要求。小水勤浇的主要目的,一是保持温室较高的低温,二是保持丝瓜的正常生长需水。

2. 浇暗水　要坚持做到膜下暗灌,有条件的可实行膜下滴灌。这样可以有效地阻止地面水分蒸发,降低温室内的空气湿度,防止病害发生。

3. 浇水时间　最好选在晴天的上午进行,此时水温与地温比较接近,浇水后根系受刺激小、易适应,同时地温恢复快,并有足够的时间排除温室内的湿气。如果午后浇水,会使地温骤变而影响根系的生理功能。下午、傍晚和雨雪天均不宜浇水。

4. 升温排湿　浇水当天为尽快恢复地温,要封闭温室,提高室内温度,以气温促进地温。待地温上升后,及时通风排湿,使室内的空气湿度降到适宜的范围内,以利于植株的健壮生长。

5. 提倡隔行浇水　即第一天浇 2,4,6 行……第二天浇 1,3,5 行……这样做不致使温室内地温一次性降低过大而影响生长。

(四)冬季丝瓜浇水后应注意什么问题

冬季日光温室丝瓜浇水后,往往造成日光温室内地温低、湿度大,致使丝瓜生长不良,病害多发。因此,冬季日光温室丝瓜浇水后应加强管理,创造适宜丝瓜生长的环境,以保证丝瓜正常生长。主要应注意做到以下 5 点。

1. 注意提温　冬季日光温室丝瓜浇水后,应关闭通风口提高温室气温,使温度比平时提高 2℃～3℃,以升高气温促地温回升,促进丝瓜正常生长。

2. 注意排湿　日光温室丝瓜浇水后,应做好温室内排湿工作。其中提温就是一项有效地降低温室内湿度的好办法。可在浇水后关闭日光温室通风口。在日光温室提温的过程中,温室内的湿度也会相应地降低,待温室气温升高后,再逐渐打开通风口进一步通风排湿。

3. 注意防棚膜结露　丝瓜浇水后,温室内湿气较大,棚膜很容易结露,而影响日光温室的透光率。可向棚膜上喷用消雾剂或豆面水,消雾效果较好。

4. 用药要注意选用烟雾剂或粉尘剂　日光温室丝瓜浇水后温室内湿度本来就很大,此时若再喷施药液,会增加温室内的湿度。因此,在丝瓜浇水后1~2天内应尽量避免用药,如果必须用药时应选用粉尘剂或烟雾剂。

5. 浇水冲施肥时要注意防气害　不少菜农追肥时往往配合浇水,在追施的肥料中有很多含氮量过高的肥料。这些肥料在冲施后会产生氨气,在冬季日光温室密闭的情况下,氨气极易熏坏丝瓜。因此,日光温室冲肥后一定要注意适当通风,把有害气体排出温室外。另外,在选择冲施肥时一定要选择含氮量较低的肥料,在严寒气候条件下可停用这类肥料,以避免气害发生。

(五)丝瓜浇水应协调好七个关系

1. 浇水与需水　丝瓜浇水要按实际需要进行,不能机械地按多少天浇一次水来安排。主要是根据土壤水分的状况(墒情)确定是否浇水。干旱时不浇水丝瓜枝叶就会发生萎蔫,干叶边,甚至受害枯干;果实会因干旱浇水不及时而表皮无光或发生畸形瓜。如果土壤不缺水还浇水,除非是有的丝瓜特殊的生理需要,否则极易引起沤根烂根,使丝瓜根系受害,也会严重影响生长发育。

2. 浇水与地温　浇水能明显影响地温,尤其是越冬的温室丝瓜浇一次水会使地温明显降低。当冬季室外温度很低时,井水、河塘水温度多在2℃~8℃,水的热容量大,升高温度需吸收大量的热量。所以浇一次冷水后地温会迅速下降,短时间内难以恢复。温室丝瓜的地温平时要比温室内气温的下限高 3℃～8℃,所以在浇一次水后,地温多由 20℃ 以上降至 10℃ 以下,很容易突破丝瓜所要求的地温最低值(即下限),会对丝瓜生长结果造成很大伤害。尤其对根的伤害最重,伤害严重时难以恢复。因此,要求冬天浇水要选晴天进行,要预先在头一天及浇水的当天把棚温提高 2℃ 左右。浇水后的第一天即可把棚温提高 3℃,依靠较高的棚温提高地温,尽量使地温下降幅度变小,并能尽快恢复。

冬季丝瓜的浇水量也应适当减少,以避免温度严重下降。在温度升高时水分需要的热量最大,如浇水量过大,地温在浇水后恢复缓慢,会使丝瓜的生理活动受到不利影响,严重阻碍丝瓜的生长发育。因此,冬季浇水要减少浇水量。要注意利用地膜覆盖以减少浇水次数。

3. 浇水与透气 丝瓜浇水后,水分占领了土壤中的空隙,使其中的空气被排出,而丝瓜的根系是需要呼吸空气的。如空气供应不足会使根系窒息,轻则根系受伤,生长慢,发育不良;重则根系褐变,毛细根死亡,甚至腐烂引发病害,发生死棵。尤其在一些土质较黏的菜地中,原本黏土地通气性就较差,如浇水过多其透气性会进一步恶化,这就是冬季温室黏土地一浇水就黄叶的原因。黏土地原本不易缺铁而发生嫩叶变黄,多是浇水使空气被排出,根系吸收困难受到严重伤害,对铁的吸收能力下降,出现阶段性缺铁,导致嫩叶变黄。如果根系受害严重,则大叶片也会变黄,其原因是生长素供应不足,致使叶绿素分解。如果大叶、嫩叶都变黄,则说明根系受到的伤害已经时间较长,而且达到了较严重的程度。要解决丝瓜黄叶问题,首要的是改良土壤,须每年每 667 平方米施用作物秸秆肥及禽畜粪肥 5 000 千克以上,使土壤由黏重变疏松,形成团粒结构,改善土壤空气通透状况。此外,注意浇水量要小,可隔一行浇一行,浇水后要适当升高棚温,并划锄地面,以改善土壤的透气性。

4. 浇水与追肥　随着浇水进行肥料冲施的追肥方式较适于温室丝瓜的特点。但目前不少地方的菜农在冲施肥中普遍存在 3 个问题：一是冲肥量偏多，有些菜农错误地认为冲肥量越大产量越高，往往每 667 平方米施肥量一次就超过 50～100 千克。过量的冲肥会引发肥害，还会使土壤盐渍化，透气性不良，土壤溶液浓度过高，使丝瓜引发诸多生理问题。二是冲肥不注意与基肥相配合，有些地方施肥时甚至以冲化肥为主，违背了施肥应以有机肥为主、以化肥为辅的原则。三是冲肥要注意肥料的品种选择和品种搭配。如一般磷肥应随基肥深施，不宜只随水冲施；丝瓜进入结果期后，应注意氮、钾肥的配合冲施，钾肥与氮肥的比例应控制在 3∶2 左右。

5. 浇水与施药　施农药防治地下病虫害，通常宜采用穴施或灌根等方式，一般不采用随水冲药的方式，这是因为随水冲药用药量大。浇一次水，每 667 平方米用水量一般达 20～30 米^3，农药按 500～1 000 倍液计算，一次用药就需 10～20 千克。而用灌根、穴施等方法施药，每 667 平方米仅需药物几百克。因此，冲农药要掌握好施用量，否则用少了浓度太低不管用，多了开支大，污染重。在地下施药防治病虫害时，不可在穴施后即浇水，这种浇水方式会稀释农药而降低防效。

6. 浇水与防病　丝瓜喜潮湿，浇水会增加温室中的空气湿度，有利于病害发生。霜霉病、疫病、炭疽病等病害发生时，要做到尽量不同时浇水，把浇水适当推迟，同时要注意采用膜下浇水的办法，避免温室中湿度过大给防治病害带来困难。一旦病害有发展蔓延趋势时，喷药防病要安排在浇水之前，要避免浇了水再喷药。在浇水的过程中，病原菌会随着水扩散和传播，一旦发现根部病害，在拔除病株施药防治的同时，须注意防止浇水流经病穴，可用土堵填流水防止传播病害。

7. 浇水与调节 丝瓜过于旺长,又称偏于营养生长,会使生殖生长、开花坐果发生困难,常引发落花落果或花少果少产量低的问题。丝瓜旺长还会使抗性下降,病害多发。要解决丝瓜旺长的问题,控制浇水很重要,为确保坐果良好,应避免在花期浇水。要事先做出安排,务必使花期土壤不过于干旱。解决好丝瓜旺长的问题就等于提高了坐果率。虽然现在应用植物生长调节剂蘸花,已较好地解决了丝瓜坐果率低的问题,但控制浇水应看做是提高蘸花效果的保证。

充足的水分是弱苗返旺的条件,在苗弱的条件下,浇水与施氮肥和适当提高棚温相配合,才能较快地把弱苗弱株调理成苗壮成长。

第七章　日光温室丝瓜栽培管理经验与新技术

一、日光温室丝瓜定植方法要科学

丝瓜定植前后管理不当,是造成丝瓜缓苗慢、花打顶的重要原因。定植方法是否合理,直接关系到丝瓜定植后的生长。目前,在丝瓜定植上存在很多问题,如采用平畦栽培、穴施的有机肥未腐熟、定植后浇水量过大等,严重地影响了丝瓜的生长。

(一)起垄定植

冬季光照弱、地温低,是影响丝瓜缓苗、生长的主要限制因素。遇连续阴雪天气,温室内光照、温度长期较低,若采用平畦栽培,不利于定植后地温升高,缓苗慢。冬季丝瓜栽培,起垄更具优势,起垄是起大垄,丝瓜定植在垄肩部位,沟要深一些、窄一些,这样有利于增加光照面积,提高地温。

(二)轻 提 苗

轻提苗可以明显减少丝瓜伤口,减轻病害发生,但部分菜农尚未注意到这一点。丝瓜育苗多使用穴盘,定植取苗时需注意,不能直接捏着茎秆将苗提出,而应轻捏穴盘下部,将苗坨取出。这样,不仅可以减少在茎秆上形成的伤口,还可以保护根系、减少断根,防止病原物侵染,减少病害发生。

(三)浇 小 水

很多菜农都有定植后立即浇大水灌溉的习惯,这种方法适宜于温度较高的夏、秋季节,在冬季则是弊远大于利,因为冬季浇大水将严重影响地温升高,根系再生困难;冬季水分蒸发量小,浇大水使较长时间内土壤水分过多、空气减少,透气性变差,影响根系发育,甚至造成沤根。

浇小水一般是隔行浇水,总量要少,大约为普通浇水量的 1/3 至 1/2。冬季温度低,蒸发量小,需水量小,这种浇水方法是比较适宜的。如果条件允许,定植后可单株浇水,这样既满足了幼苗所需的水分,又有利于保持较高的地温,促进缓苗。

(四)穴施生物菌肥

经过长时间的连作种植,土壤中的有害菌增多,易发生病害,影响根系的发育。定植时,丝瓜根系不可避免地要受到损伤,给土壤中的有害菌提供了很好的侵染机会。定植后的一段时间,也是病害发生最为严重的时期之一。为此,穴施生物菌肥可以起到明显的防病作用。

穴施生物菌肥,可以增加土壤中有益菌数量,保护根际环境,维持土壤微生物平衡。而如施化学杀菌剂,不仅杀灭了土壤中的有害微生物,也对有益微生物有害,虽然定植后的一段时间内病害不发生,但对根系的长期生长不一定有利。

二、丝瓜定植后一个月内重点做什么

丝瓜定植后的一个月内,是培育壮棵的关键时期,此期内如管理措施跟不上,很容易导致刚定植后的丝瓜秧苗出现旺长、抗病抗逆能力差或生长衰弱,出现死棵等现象。因此,此期内应加强管理,培育出健壮的株蔓,为丝瓜以后的优质高产打好基础。

(一)定植后调控棚内环境,促其尽快缓苗

丝瓜定植后,应调控好棚内的温、湿度,促其尽快缓苗。一般情况下,白天应将温度控制在 26℃～32℃,夜间将温度控制在 15℃～18℃。如天气不是很热,应尽量关闭棚室通风口,保证棚内空气相对湿度在 80% 以上,以防止刚定植的丝瓜苗失水萎蔫。当棚内温度超过 32℃时,应将棚顶的通风口拉开,逐渐将温度降至其适宜的温度,注意切忌通底风,以免植株失水萎蔫,甚至枯死。一般经过 3～4 天后,新根生成,即完成缓苗。缓苗后应逐渐加大通风,把白天棚内温度降至 25℃～30℃,夜间为 15℃～18℃。当白天棚内温度超过 35℃时,应在棚顶设置遮阳网,防止秧苗在温度长期较高的情况下出现旺长现象。当夜间棚内温度超过 18℃时,应采取通底风的方法扩大昼夜间的温差,以利于培育壮棵。

(二)缓苗后控制肥水,适当蹲苗

丝瓜缓苗后,要控制肥水,适当蹲苗。一般瓜类定植时施足肥水后,至坐瓜前这段时间无须浇水施肥,若棚内土壤干旱确需浇水时,应在沟内浇小水,切忌大水漫灌。原则上在此期内不施用肥料,若生长过弱时,可每 667 平方米冲施复合肥 10～15 千克或鸡粪 80～100 千克提苗,切忌单施氮肥,以免造成植株旺长影响坐瓜。若定植后出现旺长,虽然通过调节通风、肥水等措施还不能控制时,可用 2.85% 硝·萘酸水剂 6 000 倍液或助壮素 800 倍液作叶面喷洒,也可二者混用喷施,促进秧苗健壮生长。

(三)丝瓜甩蔓后及时吊蔓

丝瓜茎蔓较为柔弱,如果定植后不及时吊蔓,茎蔓匍匐在地面上,将带来很多不利的问题:其一,顶端优势发挥不出来,植株长势差,将延迟结瓜时间,产量受到影响;其二,由于地面面积有限,茎

蔓匍匐生长易造成植株间叶片相互遮挡,光合面积减少,田间通风透光差,植株积累有机营养不足,进而造成其长势差、花少、果小、病害多发;其三,丝瓜茎蔓上的卷须会互相缠绕,给以后吊蔓带来诸多操作上的不便,且易损伤茎蔓。

一般来讲,丝瓜定植 15～20 天,茎蔓长 40 厘米左右、未出现倒伏前,应及时吊蔓。如果定植的丝瓜为嫁接苗,第一次吊蔓时要注意以下两个问题:一是嫁接砧木上萌发的芽要抹除彻底,以防止养分消耗而影响丝瓜生长势。可使用牙签从南瓜两子叶间把多余的侧芽清除干净。二是先"修"根,后吊蔓。丝瓜嫁接苗定植后 20 多天内,在丝瓜接穗断根处易着生不定根,如果不处理掉不定根,将失去了嫁接防病的意义。因此,丝瓜吊蔓前要先"修根",用刀片把丝瓜基部着生的不定根割断。丝瓜吊蔓应选择在晴天的下午进行,这时丝瓜茎秆含水量少,吊蔓时不易折断茎蔓。

(四)吊蔓前用药物灌根防止死棵

丝瓜缓苗后要加强中耕,以增强土壤的透气性,促进根系生长发育。中耕后每株穴施芽孢杆菌类生物菌剂 60～80 克,以改良土壤结构,增强土壤肥力,防止土传病害的发生。也可在吊蔓前用 72.2％霜霉威可湿性粉剂 600 倍液灌根一次,以防治植株根部病害,避免死棵。需特别注意的是,施用生物菌剂与药剂灌根应有一定的间隔期,不能同时进行,一般间隔 10～15 天以免生物菌剂中的生物菌被杀菌剂杀死,而起不到应有效果。

三、科学通风,调控日光温室环境平衡

(一)通风的作用

1. 降温 不管越冬茬还是冬春茬丝瓜栽培,晴天中午时分温

室内气温如高达 40℃ 以上,植株体内多种合成分解酶、辅酶将失去活性,作物代谢作用、光合作用停止,无干物质生成。如时间过长,植物局部会受到热害,甚至导致整株作物死亡。此时亟须通风以降低温室内的温度,将温度控制在作物最适宜生长的范围内,一般控制在 20℃～28℃。

2. 排湿　冬天温度低,温室内湿度增加,作物表面易结露。从半夜至早晨揭帘子前空气相对湿度有时可达 100%,温室覆盖膜表面水珠凝结下滴,室内产生雾气,常使作物叶面太湿,容易发生多种病害。此时应采取措施及时通风排湿。

3. 调节温室内气体平衡　温室中农药分解出有害气体,粪肥释放出氨气,质量不好的地膜、棚膜释放出有害气体,这些有害气体都会危害作物,应及时通风排出温室,使新鲜空气进入温室。同时,通风还能及时补充温室内的二氧化碳,有利于作物的光合作用。揭棚后丝瓜见光 1 小时,温室内二氧化碳的消耗已达到补偿点以下,因此及时通风补充二氧化碳是很有必要的。

(二)通风的方式

冬季通风主要是通顶风。有经验的菜农通常采用"一天两放风"或"一天三放风"的方式进行,以起到排出温室内的湿气和有害气体、补充温室内二氧化碳和降温的作用。

(三)通风的方法

不同的天气情况通风方法不同。晴天主要是控制温度。白天上午温度达到 20℃ 时开始通风,下午温度降至 20℃ 左右时通小风,温度降为 18℃ 左右时关闭通风口。从傍晚至上半夜是作物养分转化和运输的主要时期,此时温度以 20℃～18℃ 最为适宜。下半夜植物呼吸作用加强,养分消耗较多,温度应控制在 15℃～13℃,以减少呼吸作用的营养消耗。阴天主要是在保温的情况下控制湿度。在气温不低于 13℃的早晨通风半小时,中午较热时通风 1~2 小时,傍晚通风半小时左右,而后盖草苫。雨雪天或大风降温天可在中午 12 时左右通小风半小时,这样既交换了气体,又使气温不陡然下降。千万要注意不能只顾保温而忽视二氧化碳的补充,否则将影响丝瓜的光合作用。

四、冬天丝瓜日光温室什么时间通风好

在丝瓜日光温室中,晚上会积累较多的二氧化碳,这主要是由土壤中的有机质分解而释放出来的,也有丝瓜的呼吸作用而产生的一部分。由于冬天傍晚须关闭日光温室,会使夜间棚中的二氧化碳积累到很高的浓度,通常有机肥充足的温室二氧化碳可达 1 500 毫升/米³,甚至更高,其浓度是空气中二氧化碳的 5 倍。因此,充分利用温室中的这些二氧化碳,会使丝瓜光合产物大幅度提高,从而提高丝瓜产量。这就要求菜农注意不能过早地通风,以避免温室中的二氧化碳逸出棚外。据有关资料,揭开温室上的草苫后,在白天良好的光照条件下,温室中积累一夜的二氧化碳,可供温室中丝瓜 1 小时光合作用的需要。因此,即使温度条件适宜通风,在揭草苫后一小时之内也不要通风,否则会使部分二氧化碳逸出温室外,将影响光合产物的生成量。

如上所述,揭开草苫见光后,温室中的二氧化碳只能满足 1 小时所需,如果 1 小时后还不通风,温室中的二氧化碳已耗尽,则作物光合作用会停止。这样,即使光照条件再好,也没有光合产物生成,将白白地浪费了上午的大好时光。因此,只要温度条件适宜,在揭草苫 1 小时后,就应立即通风,使温室外空气中的二氧化碳早进温室,使丝瓜的光合作用能连续地进行。有时由于温室外温度较低,为了保持适当的棚温,可把通风口由小到大地分步放开。

五、冬季日光温室丝瓜如何维持适宜的地温

日光温室适宜的地温是丝瓜优质丰产的基础。但有些菜农往往对温室内地温的调控不够重视,常造成温室丝瓜生长不良、产量降低。在冬季要调控好日光温室丝瓜的地温,应抓好以下 4 项工作。

(一)调控好温室内的温度

温室内的温度是影响地温的一个最重要的因素。要采取加厚草苫、盖浮膜、安装电灯增温、建棚中棚、水枕头增温和挖防寒沟等措施,保证温室内有较高气温,才能提高地温。

(二)合理浇水

一要注意浇水的时间,冬季一般应选在晴天的上午浇水,这样在浇水后土壤才有充分的提温排湿时间;二是要注意浇水量,如一次性浇水过多,水温低,水的比热大,地温不容易恢复。因此,浇水应少量多次。尤其在深冬季节地温低的情况下一次性浇水过大,很容易造成丝瓜沤根。在一般情况下,浇水后的当天和第二天要把棚温提高 2℃～3℃。因此,冬季浇水一定要科学合理,有条件的地方最好使用微灌。

(三)注意覆盖地膜

地膜覆盖是一种增加地温的好方法,需要注意的是,地膜应适当晚盖,越冬茬丝瓜最好在立冬后盖膜,因盖膜过早不利于丝瓜根系深扎,在严冬棚温过低的情况下容易冻伤根系。

(四)在丝瓜栽培行内覆盖秸秆和稻壳粪

这是一项保持地温稳定的措施。秸秆和稻壳粪在发酵腐熟的过程中,释放的热量和二氧化碳要比单纯覆盖作物秸秆高许多倍,很有推广价值。这一技术已被寿光菜农广泛采用。

六、冬茬丝瓜如何促根养蔓

在深冬季节,低温、寡照、高湿的环境常造成丝瓜植株长势减弱,生长缓慢,茎蔓细弱,这样不仅不利于丝瓜的正常坐瓜,而且还容易出现"坠住棵子返头慢"的现象,致使丝瓜陷入低产。因此,壮蔓是越冬丝瓜获取高产高效的关键,养蔓贯穿于越冬丝瓜种植的始末。

(一)晚留瓜促壮蔓,先养蔓后留瓜

培育壮蔓最有效的措施就是晚留瓜,这样做可促进营养集中供应茎蔓,从而达到壮蔓的目的。深冬季节,植株生长缓慢,若留瓜过早,则容易坠住棵子,不利于后期产量的提高。为保证结瓜期营养生长与生长的平衡,头茬丝瓜应在植株长到20～24片叶时留瓜。若仍按照春、秋茬丝瓜的管理方法在13～15片叶时急于促花促瓜,势必造成营养分配失衡,使茎蔓得不到充足的营养而细弱、生长缓慢,植株早衰,产量降低。

深冬时节,丝瓜植株生长缓慢,可改高温季节"3片叶留1个瓜"的留瓜方式为"4～5片叶留1个瓜"。这样可保证茎蔓得到足够的营养而不会出现早衰现象。如果丝瓜结瓜期内出现营养生长偏弱、植株生育缓慢时,应及时将幼瓜全部疏除,先促蔓生长,再看情况决定留瓜。

(二)合理浇水施肥养护根系

根系发达是保证茎蔓健壮的前提,特别是丝瓜进入结瓜中后期时,保证正常的根功能是保证丝瓜中后期产量的关键。

尽管丝瓜根系发达,但在冬季地温偏低时,由于根系生长速度慢,如果一次性水肥过大,很容易造成伤根,影响根系发育,进而造成茎蔓生长瘦弱。因此,在浇水施肥时,水量要尽量小,切不可大水漫灌,并且要采用膜浇小沟的方式进行。冲肥可选用生物菌肥如瑞神、大源等冲施,以促进生根。如果茎蔓生长细弱,应酌情追施少量硝态氮肥,以促进营养生长。

冬季连阴天多,浇水的时机也是保证根系正常生长的环节。生产中,不少菜农都是因为浇水时机不当而造成根系受害、植株生长发育不良。冬季浇水时,应特别注意天气变化。在决定浇水时,若天气预报至少有 2 天晴好天气,方可进行浇水,且应在上午进行,浇后要闭棚升温,提高地温。

(三)及时防治病害,保证茎叶健壮

疫病、灰霉病、菌核病和细菌性软腐病是深冬季节危害丝瓜生长的主要病害,在管理上应实行预防为主,综合防治的方针,确保茎叶免受病菌危害。

七、如何根据温度变化巧蘸花

丝瓜花在商品丝瓜中起着至关重要的作用,头顶鲜花的丝瓜每千克比不带花的丝瓜价格一般要高出 0.25 元左右,有时甚至能高出 0.5 元。生产上要注意根据温度变化巧蘸花才能保证丝瓜带着鲜花。应做好以下 3 点。

(一)改变蘸花药浓度

温度低时,蘸花药配方为:水 1.9 升＋2 包坐瓜灵(吡效隆,5毫升/包)＋2 支 5％萘乙酸(10 毫升/支)＋2,4-D 8 毫升＋绿之源(主要成分为氨基酸及硼、锌、铁等微量元素)15 毫升。进入高温季节后,应调整改变蘸花药的浓度,以确保丝瓜花的质量和丝瓜的产量。把 1.9 升水改为 2 升,其中的 2,4-D 由原来的 8 毫升减至 6毫升,降低浓度,减少激素中毒发生;萘乙酸由原来的 2 支减为 1支;绿之源可使花瓣变厚、变小、变绿,应增至 20 毫升。

(二)改变蘸花时间

一般丝瓜花都习惯在下午 3 时后蘸花,这样会使丝瓜的花蘸得太晚而使花瓣开得太大、花瓣太薄,这样容易使花受病菌侵染而染病。改下午 3 时后蘸花为上午 10 时后蘸花,可使花瓣变小、花瓣增厚,从而增强花的抗病能力。因为这时花朵小,所以蘸出的花瓣既小且厚,抗病性强。

(三)改变蘸花方法

在蘸花时,一些菜农喜欢把整个幼瓜都浸入药液中,这样会使药液大量附着在幼瓜上,有时还会使药液顺着幼瓜流到瓜蔓上,容易造成植物生长调节剂中毒。试验证明:浸幼瓜时只浸幼瓜的2/3或 1/2,与完全浸入结出的丝瓜没有区别,且不会发生激素中毒。这样既节省了农药,也减轻了植物生长调节剂中毒的危害,且丝瓜的质量不变。

若有花漏蘸药液,应在当天下午或第二天上午用同样浓度的蘸花药在瓜条正反两面涂抹两道,并涂抹整个花萼,可保证丝瓜带鲜花,但是花有些偏大、花色发白。

八、怎样防止丝瓜花干边

丝瓜花干边、干花将严重影响丝瓜的商品性。丝瓜花干边主要是由于以下 4 个原因造成的，需要纠正这些错误做法，实行科学蘸花。

(一)蘸花药要现配现用

如蘸花药中叶肥的剂量过大可直接造成丝瓜花干边，或者蘸花药配比不合理，容易使花瓣很薄而易染病干边。因而，合理的丝瓜蘸花药配方是避免或减少丝瓜花干边的重要条件。其合理配方请参照本章"七、如何根据温度变化巧蘸花"。

很多菜农喜欢一次性对好多次或多天使用的蘸花药。当天用不完的药液保管不当，第二、第三天还接着用，这样就会造成蘸花药中某些成分因时间过长而变质，因而容易烧伤花瓣造成丝瓜花干边、干花。因此蘸花药应现配现用。

(二)喷药量不宜过多，喷药浓度不宜过大

随意加大喷药浓度是不少菜农在蘸花中的习惯操作，但是花瓣较娇气，易中药害而造成干边。有些菜农为防止丝瓜烂花通常把药液直接喷在花上，并且喷得花瓣上药液流淌，因而容易因药液浓度高或药液量过大而灼伤花瓣造成丝瓜花干边。因此，在选用安全药剂的同时，还要注意喷药的浓度不宜过大，喷花时以花瓣表面湿润即可。

(三)烟熏剂用量不宜过大，熏烟时间不宜太长

熏烟是防治丝瓜病害既省时又省力的方法，但要把握住烟剂的用量和熏烟时间。熏烟不要过早，应在晚上 9 时以后进行。如

果熏烟过早,一则温室内温度太高,烟飘浮在空中时间长,易降低药效;二则熏烟时间过长易产生药害。

如选用百腐烟剂,一般情况下每 667 平方米用量 250 克,熏烟约 8 小时即可。百腐烟剂同时具有防治丝瓜蔓枯病的作用,也就解决了因蔓枯病而造成丝瓜花干边、干花的问题发生。

(四)避免一次性通风过大造成"闪花"

中午通风时,应采用二次或多次通风的方法进行降温,但有些菜农嫌麻烦而采用一次把通风口全揭开,温度下降过大使娇嫩的花瓣"闪了",造成丝瓜花干尖、干边。

九、如何控制丝瓜瓜条的长短

瓜条长短是丝瓜是否受菜商欢迎的一个重要条件。由于蔬菜收购商所定购的包装箱型号有一定限制,这就使得他们对符合包装箱长度的丝瓜情有独钟。以寿光市为例,一般情况下,40～50厘米长的丝瓜比较符合他们的要求。因此,在丝瓜栽培中应重视控制瓜条的长短,做到以下 5 点:①选择品种最重要。在选择品种之前应了解市场的需求,选择适合当地菜商及消费者口味的品种。②蘸花药浓度有影响。通常使用的蘸花药浓度为:坐果灵(吡效隆)10～15 毫升＋ 2,4-D 8 毫升＋爱多收(硝·萘酸)15 毫升＋适量防落素＋水 2 升。这样的浓度能够保证瓜条保持正常水平。其中,能够影响瓜条长短的是坐果灵和 2,4-D,当这两种药剂比正常使用剂量偏低时,瓜会偏长一些,反之则偏短。③温室内温度保持 27℃～30℃时,瓜条生长正常。④掌握好植株长势。如果植株过旺,可以多留几个瓜以平衡营养,防止个别丝瓜因营养过于充足而"体重超标";反之,则可少留几个瓜,以保证其充足的营养。⑤适时采摘。

十、如何确保丝瓜花开放时间与
瓜条采收期相一致

目前市场上畅销的丝瓜都是头顶鲜花。为确保花开的时间与瓜条的采收期相一致,在蘸花上一定要掌握好以下 4 点。

(一)注意蘸花方式

丝瓜蘸花最好从下向上蘸,幼瓜蘸到药剂的部位不能超过 2/3,也不能少于 1/2。如果蘸得过多,直接蘸到幼瓜根部,不仅容易造成"蹦瓜"现象,而且药剂易通过幼瓜根部向植株全身传导,造成植物生长调节剂中毒。如果蘸得过少,丝瓜花容易脱落,瓜的生长会受到抑制。

(二)掌握好蘸花时间

一般在上午 10 时至下午 1 时(丝瓜花稍微发黄而未变绿色)蘸花较好。如果蘸花过早,在刚刚有花蕾时就蘸,极易出现"哑巴花"(雌花不开放);如果蘸得过晚,丝瓜花容易脱落。

(三)掌握好蘸花剂浓度

蘸花剂的浓度不能一成不变,应随着温室内温度的改变而变化。一般来说,温室内温度高时,蘸花剂浓度应低一些;温度低时,蘸花剂浓度则应高一些。

(四)防止出现的问题

①蘸花药中的 2,4-D 剂量过高,会使瓜条在长成形之后花还不能开放,而且瓜条生长速度慢。②瓜纽太小时蘸花,同样会出现"哑巴花"现象,而且瓜条生长慢。③在蘸花后 3 天,最好不要浇

水。因为在蘸花前,丝瓜纽向上生长,而在蘸瓜后,丝瓜纽向下生长。如果蘸花后直接浇水,就会使植株体内水分加大,这时瓜纽还没有完全坐住,水分突然增大,极易出现"蹦瓜"现象。④防止丝瓜烂花。

十一、如何确保丝瓜头顶漂亮、健康的花

丝瓜带花是丝瓜的重要卖点。通常情况下,带鲜花的丝瓜每千克价格要比不带鲜花的丝瓜高出好几角钱。但丝瓜鲜花非常"娇贵",常因管理不当而造成烂花或花干边,影响丝瓜销售。为确保丝瓜带有一朵漂亮健康的花,必须解决好以下问题。

(一)蘸"小花",提高花的抗病抗逆能力

丝瓜"大花"花瓣大、较薄,容易感染病害,而"小花"花瓣小、较厚,抗病性强,所以丝瓜"小花"比较好。要想蘸"小花",就要特别注意蘸花时间,一般在上午 10 时至下午 1 时之前蘸花,幼瓜小,蘸出来的花瓣小,抗病性强,而在下午 3 时后蘸的花,一般花瓣较大。

(二)分次通风,防止花被风干

分两次通风,第一次是在揭开草苫 1 小时以后,揭开一道小风口,一般 5～10 分钟后关闭通风口,以形成对流空气,这样既可以降低日光温室湿度,又可以向温室内补充大量的二氧化碳。在棚温达到 28℃时通第二次风,这次要根据天气情况确定具体通风时间。不要一下子将通风口全部拉开,以避免"闪花",造成花干边。要循序渐进,逐渐加大通风口。

(三)早防烂花

丝瓜烂花主要有干烂花和水烂花两种。①干烂花。花瓣的边

缘出现干枯,为干烂(区别于水烂花),整个花瓣都不新鲜。这可能是蔓枯病在花上的表现症状。在弱光的情况下发生较重,尤其是连阴天过后出现较多,可喷洒 25％ 使百克(咪鲜胺)乳油 1 000～1 500 倍液防治。②水烂花。从花瓣的边缘开始出现水烂状,严重时花瓣出现滴水的症状,有时有臭味,有时无臭味但有白色的霉菌。在有臭味但不长毛的情况下,可能是细菌性软腐病,长白霉的可能是花腐病或绵疫病,这两种情况在高湿的情况下均发生较重。如果是细菌性软腐病,可叶面喷洒链霉素或新植霉素 3 000 倍液,也可以喷洒铜制剂如可杀得(氢氧化铜)1 000 倍液等药剂。如果是花腐病及绵疫病,可用克露(霜脲·锰锌)、安克(烯酰吗啉)800 倍液、雷多米尔(甲霜灵)800 倍液等药剂进行叶面喷洒,或在蘸花药中加入部分药剂。

十二、怎样管理才能提高深冬季节的丝瓜产量

根据寿光市大部分丝瓜种植户的种植模式,低温期正好是丝瓜结果盛期,因此,越冬茬丝瓜要想充分获得反季节生产的高效益,结果期的管理相当重要,只有加强管理,才能最大限度地提高丝瓜产量。

(一)1～2 月份光照、温度调节

丝瓜喜强光、耐热、耐湿、怕寒冷,为防止低温寒流侵袭,对反季节栽培的越冬茬丝瓜,必须及时做好光照、温度调节。越冬茬丝瓜进入持续开花结瓜盛期,植株也进入营养生长和生殖生长同时并进的双旺阶段。尤其要特别注意加强 1～2 月份的光照和湿度管理,将白天温室内气温控制在 24℃～30℃,最高不超过 32℃;夜间为 12℃～18℃,凌晨短时最低气温不低于 10℃;遇到强寒流天气时,温室内绝对最低气温不能低于 8℃。丝瓜耐湿力强,为了保

温,可减少通风排湿次数和通风量。一般情况下,保温条件好的日光温室温度比较容易控制,瓜条生长也较快。

(二)结果期水肥供应

进入持续开花结瓜期后,植株营养生长和生殖生长均进入旺盛期,株体量逐渐增大,产瓜量累计增加,耗水耗肥量也逐渐增大。为满足丝瓜高产栽培对水、肥的需求,浇水和追肥间隔时间应逐渐缩短,浇水量和追肥量亦应相应地增加。在持续开花结瓜盛期的前期(1～2月份),每采收两茬嫩瓜(即间隔20～25天)浇1次水,并随浇水冲施腐熟的鸡粪和人粪尿,或冲施腐殖酸类型的肥料等。必要时可在温室内释放二氧化碳气肥。在3～5月份越冬茬丝瓜持续结瓜盛期的中期,要冲施速效肥和叶面喷施速效肥交替进行,即每10天左右浇1次水,用水冲施速效氮钾钙复合肥或有机速效复合肥。一般每667平方米温室冲施10～12千克。同时,每10天左右叶面喷施1次叶面肥如丰收1号等,调节植株生长。

(三)整枝调蔓

丝瓜主蔓和侧蔓均能结瓜。日光温室栽培越冬茬丝瓜,在高度密植的条件下,宜采取留单蔓整枝。在结瓜前和持续开花坐瓜初期,要及时抹掉主蔓叶腋间的腋芽,不留侧枝(蔓),每株留1根主蔓上吊架。在持续开花结瓜盛期的中期,除利用主蔓结瓜外,还可留2～3节的短侧蔓结瓜,即在侧枝上留1个瓜,留瓜后保留1片叶打去顶心,使全株所有的侧枝都各留1个瓜。在持续开花结瓜盛期的后期,只将瘦弱的侧枝及早抹去,保护主蔓和保留生长良好的侧蔓,让其结嫩瓜2～3个后再摘心,使同一植株上几条侧蔓与主蔓同时结瓜。

（四）培育壮蔓

在低温寡照的情况下，丝瓜植株经常出现生长缓慢、茎蔓细弱、瓜条生长慢或果实坠棵的情况，因此，培育壮蔓是走出低产困境的关键，要做好以下 4 项工作：①晚留瓜。低温季节植株生长缓慢，若留瓜过早容易坠住棵子。为保证结瓜期营养生长与生殖生长的平衡，头茬丝瓜宜在植株长到 22～24 片叶时留瓜。丝瓜进入结瓜期后，为保证营养生长与生殖生长的协调进行，也应改为 4～5 片叶留 1 个瓜，这样一般不会出现早衰现象。若在丝瓜结瓜期内出现枝蔓细弱情况，应及时将幼瓜全部疏除，先促蔓生长，再看情况决定留瓜。②养护根系。尽管丝瓜根系发达，但在冬季地温偏低时，根系生长速度慢，若一次性水肥过大，很容易造成伤根，影响根系发育，进而造成茎蔓生长瘦弱。因而，在浇水施肥时，水量要尽量小，切不可大水漫灌。冲肥可选用生物菌肥或腐殖酸类型肥料，以生根养根。③在冬季丝瓜管理过程中，应特别注意天气变化。在决定浇水时，至少要保证浇水后有 2～3 天的晴好天气，且应在上午进行浇水，浇后要闭棚升温，提高地温。④培育无病蔓。灰霉病、菌核病和细菌性软腐病等是深冬季节危害丝瓜生长的主要病害，管理过程中要"以预防为主，综合防治"，培育丝瓜的无病壮蔓。

十三、长势偏弱的丝瓜应早摘心

摘心是丝瓜管理中的一项重要工作，与丝瓜产量的高低有着直接的关系。摘心的目的之一就是要协调丝瓜营养生长与生殖生长的平衡。

传统的丝瓜摘心方法是在主蔓生长到 13～15 片叶、植株高达 160 厘米左右时开始留瓜、摘心，以后每 3 片叶留下 1 个瓜摘心。

一般情况下,这样的方法是可行的,但是不适用于定植后生长偏弱的丝瓜。

早春茬丝瓜定植后还处在低温阶段,很多丝瓜的长势普遍偏弱,按照之前的摘心方法,容易在采收 3～4 个瓜后就出现空瓜现象,而且这 3～4 个瓜采收后茎蔓细弱,不利于丝瓜的正常坐瓜,即使坐住瓜也易形成畸形瓜。此时,多数菜农则在管理上再采用空瓜的方法来养蔓,有的菜农则采用 4～5 片叶留 1 个瓜的方法进行管理,以保证植株营养生长与生殖生长的平衡。但是这样做之后,丝瓜的生长期就会出现空瓜现象,所以这两种方法是不可取的。所以,不如在空秧期提早摘心养蔓,促使茎蔓粗壮生长,提高结瓜期丝瓜的连续结果能力,防止植株出现空瓜现象。

在丝瓜植株长至 11～12 片叶、营养生长旺盛时提早摘心,打破留瓜后再摘心的传统做法,有意识地促进茎蔓发育。此时摘心后,侧枝萌发速度慢,茎蔓因营养积累充分而粗壮生长。其待侧枝萌发即可留瓜,可每 2 片叶留 1 个瓜而不会出现空瓜断茬现象。

十四、种植丝瓜如何选瓜留芽

丝瓜在生长到一定高度后,菜农都会对其进行打头,目的是让营养生长转向生殖生长,以促进植株早坐瓜。待丝瓜打头后,菜农一般留下 2 个丝瓜,而且坐住的两个瓜旁边也会长出侧芽;但一般来说,1 条丝瓜蔓上只能留 1 个芽 1 个瓜,在这种情况下,如何取舍,才能取得最大的效益呢? 首先,选留芽。留芽的原则是留上不留下。因为植株是由下向上运输营养的,如果留下植株顶部的第二个芽,养分供给第二个芽和这个芽上的丝瓜后,就很难再供给此芽之上的另一个瓜,使得此瓜长势较差。而留下植株顶部的这个芽,2 个瓜就都会得到足够的营养,更有利于后期选择优势瓜。如果顶芽生长不良,可以当机立断选择第二个芽做头,同时将顶芽附近的丝瓜摘除,集中营养供另 1 个瓜生长。其次,选留瓜。一般打头以后,2 个瓜都在共同生长,等到蘸花前期看哪个瓜长得周正就留下哪个瓜。如果 2 个瓜的长势相当,那就选择留下顶部那个瓜,这样更有利于植株和瓜的生长。

十五、根据丝瓜品种特性巧整枝

每个丝瓜品种都有不同的特性,不同的品种有不同的整枝方法。寿光菜农在十多年的丝瓜种植中,根据丝瓜品种长势的不同,摸索出了充分发挥品种优势的不同整枝方法。黄皮线丝瓜和黑筋线丝瓜是寿光市种植的两大丝瓜品种。黄皮线丝瓜营养生长弱而生殖生长强,黑筋线丝瓜营养生长强而生殖生长弱。根据品种的不同特性,寿光市总结了以黄皮线丝瓜和黑筋线丝瓜为主栽品种的两种整枝法。

(一)坐瓜前的管理

坐瓜前以培养壮蔓为目的。当植株生长至 5～6 片叶、株高达50 厘米左右时进行吊蔓,此时应浇一遍提苗水,并随水冲施一定量的肥料,以提苗促棵。这里所说的吊蔓指的是春、秋两茬丝瓜的前期管理。若越夏种植,因温度高、昼夜温差小,过早吊蔓丝瓜易徒长,不利于开花坐瓜,所以在越夏丝瓜前期主蔓管理中应使丝瓜主蔓在地面匍匐生长,以抑制营养生长,促进生殖生长,待雌花开放时再进行吊蔓管理。

吊蔓后的管理以促棵壮秧为主,应及时将主蔓上萌发的侧枝和花摘除,以减少养分的消耗,培育健壮主蔓。

(二)坐瓜期的管理

当主蔓长到 15 片叶左右、株高达 150 厘米左右时开始留瓜,可留个 2 瓜,防止"蹦瓜"。待蘸花后、瓜把落下时视植株长势决定是否要摘除 1 个瓜。若长势弱可摘除 1 个瓜,若长势旺可 2 个瓜都留下。所谓"蹦瓜"是指瓜条从瓜把部位脱落,蹦瓜主要发生在第一批丝瓜上,并且多发生在蘸花后的 2~3 天,瓜把还未垂下之前。留 2 个瓜的目的在于若蹦掉 1 个瓜,还有 1 个瓜,以防止营养生长过旺。

(三)摘　心

黑筋线丝瓜因生长势强,可在瓜纽长约 1.5 厘米时打头,留顶端叶片下萌发的侧蔓作结瓜主枝。侧蔓 3 片叶留 1 个瓜再进行打头促权管理。以后按照 3 片叶留 1 个瓜的方式进行连续留瓜、打头、促权管理。其间,每次打头都要结合落蔓管理,落蔓后使植株垂直高度保持在 150 厘米左右。

黄皮线丝瓜因生长势弱,不宜过早打头,打头过早会影响侧蔓发育。适宜的打头时间应在瓜条收获前 4~5 天。瓜条收获后侧蔓迅速生长,侧蔓 3~4 片叶留 1 个瓜,在瓜收获前 4~5 天再进行打头促权管理。以后按照 3~4 片叶留 1 个瓜的方式进行连续留瓜、打头、促权管理。每次打头要结合进行落蔓管理。

十六、春季丝瓜应摘老叶

很多菜农在丝瓜落蔓时不疏除老叶,并且利用老叶遮挡阳光,防止地面杂草生长。在夏季地温高时可这样做,但在冬春季节地温较低时应慎重,因为老叶遮挡了照射到地面的太阳光,导致地温提不起来,植株生长不良。因此,应根据不同的时期采取不同的管理方法。春季应及时将丝瓜下部重叠的老叶除去,以利于植株的生长,因为这样做有两方面的好处:一是有利于地温的提高。现在温室内的地温较低,一般在 18℃ 左右,而丝瓜根系生长的最适温度为 25℃左右,当时的地温不能满足丝瓜根系生长的需要,而根系生长不良就会导致植株水肥供应不足,导致植株生长不良。随着春季天气转暖,太阳光照强度增强,地温提升较快,因此为促进植株的生长,应及时将丝瓜底部重叠的老叶疏除,让太阳光照到地面上,提高地温,以利于丝瓜根系的发育,促进根系对水肥的吸收,使植株生长健壮。二是有利于病虫害的防治。丝瓜老叶的抗病能力差,容易感染病害。同时大量的老叶重叠在一起,通风透光差,造成植株下部湿度较大,茎蔓容易感染蔓枯病。丝瓜老叶摘除后,植株下部茎蔓才能接受阳光的照射,使植株的抗病能力大大增强,同时减少病害感染的概率。

十七、日光温室丝瓜多施有机肥料好处多

(一)施用有机肥改良土壤

有机肥尤其是猪粪禽粪和秸秆堆肥有机质含量达 30%～50%,施用后能增加土壤中有机质的含量。如果能通过增施有机肥把菜地有机质含量提高到 2%以上,则土地适耕性会达到新的水平,称为"海绵田"。土壤缓冲能力增强,抗旱、抗涝、抗冻、抗肥、抗盐碱能力大增。其改良土壤的水、气、热的综合能力会在各种条件下展现出来,最终体现在丝瓜的丰产优质上。

(二)有机肥可明显提高丝瓜产量和品质

如每年每 667 平方米施用有机肥 5 000 千克以上,因其中的大量元素和微量元素丰富,可直接被作物吸收利用,具有很大的数量优势。土壤有机质分解经历的过程较长,可长期供应丝瓜所需的营养。其中产生的腐殖酸、维生素、抗生素和各种酶增强了新陈代谢,促进丝瓜根系和地上部的生长发育,提高了丝瓜对各种营养

的吸收利用能力,可明显提高丝瓜的产量和品质。对微量元素的吸收可增强丝瓜的抗性,减少缺素症,即生理病害的发生。

(三)大量使用有机肥可培植土壤中的有益菌

有益菌多靠分解有机物而发生和发展,如能配合使用一些高质量的生物菌肥,则可以菌抑菌,有效地防治丝瓜根部病害;还能减少地下灌用农药,避免农药对土壤和地下水的污染。

(四)大量使用有机肥能避免土壤"疲劳"

从土壤营养物质应当递补的原理来看,每一年的丝瓜生产会消耗土壤中的有机质约为2000千克。应当在生产结束后给土壤补足这些有机质,否则土壤会发生"疲劳",表现为肥力降低,理化性状变劣,如团粒结构变差、透气性恶化、保水保肥能力下降、土壤板结、盐碱升高、酸化、适耕性下降等,将严重影响丝瓜的生产水平。

(五)大量使用有机肥能增加二氧化碳生成量

有机肥大量使用后,在其缓慢的分解过程中会释放二氧化碳。日光温室丝瓜在冬季生产时,这些二氧化碳在夜间闭棚时积累在棚中。据测定,多数棚室中一个夜晚积累的二氧化碳浓度可达1 000毫升/米³以上,有的可达1 500毫升/米³以上,是普通空气中300毫升/米³的3～5倍之多。第二天只要光照正常,这些二氧化碳积累较高的日光温室,其光合产物数量大为提高,为普遍状态下光合产物的3～5倍。光合研究表明,日光温室丝瓜第二天在光照正常时,其二氧化碳只够1小时左右的消耗,这就可以理解为这段时间里光合产量在单位时间里提高了3～5倍。这也是为什么严冬季节日光温室丝瓜往往能高产的原因。归根到底是多施了有机肥,因此产生了更多的二氧化碳,形成了更多的光合产物,从而提高了丝瓜产量。

十八、丝瓜再生高产栽培技术

采用立架式丝瓜再生栽培,能明显延长丝瓜结果期,提高产量和品质,还可避开上市高峰,提高种植效益。

(一)育苗与定植

1. 提早育苗　选择在1月下旬至2月上旬播种(一般在立春前后)。先用0.1%～0.2%高锰酸钾溶液浸种30分钟,消毒后用清水冲洗几遍,而后浸种催芽。用温床营养钵育苗,并实行地膜覆盖。苗龄一般为40天。待幼苗2叶1心时定植。

2. 合理密植　先按沟宽50厘米、畦宽2.5米整好地,定植前10天一般每667平方米普施腐熟人粪尿1 000千克、48%高浓复合肥50千克、过磷酸钙100千克。3月中下旬抢晴天定植,株距45～50厘米,行距1～1.2米,每667平方米栽植1 000～1 200株,定植后浇缓苗水,用土杂肥严封定植孔,并覆盖地膜。

(二)肥水管理

坐瓜前,以施家畜粪为主,每6～10天少施或薄施1次。绝不可施化学氮肥,以免秧苗疯长而影响坐果。坐果后,每667平方米一般每10天结合浇水冲施1次肥,每次施48%三元复合肥25千克左右,并根据叶色浓绿情况适当补充纯氮素肥(如尿素)。

(三)田间管理

温室白天温度不超过30℃,夜晚不低于15℃。进入4月上中旬后,气温上升到丝瓜生长的适温时,光照成了影响丝瓜生长的主要因素,选用遮光率低于40%的黑灰色遮光网覆盖,一般在上午8

时至下午 4 时覆盖。同时植株开始抽蔓后吊蔓上架。5 月上中旬去除平铺地膜,实行中耕除草。

(四)科学修剪,调节藤蔓

1. 控制侧蔓,强壮主蔓 摘除所有侧蔓,只保留主蔓,并促使主蔓生长强壮。

2. 除须去花 每隔 3～4 节留 1 朵雄花外,其余的雄花和卷须全部及时摘除。雄花最好摘花蕾,卷须一露出就摘除。

3. 激素保果和人工授粉 丝瓜生长前期因雄花较少或低温影响,往往坐果很低,果小而且质劣。可用浓度为 30 毫克/千克的 2,4-D 点花或高效坐果灵 50 倍液涂抹果柄,可显著提高坐果率。待雄花有一定数量后改用人工授粉,在每天清晨 6 时 30 分至 9 时摘下刚开放的雄花,剥去花瓣,轻轻将花粉涂在开放的雌花上,每朵雄花可授 3～4 朵雌花。丝瓜人工授粉可提高产量 30% 以上。

4. 去除老叶 7 月中下旬摘除全部 2 个月以上叶龄、丧失功能的老叶和病叶,以利于通风透光和先端茎蔓的生长。

5. 割藤再生 采摘丝瓜 5～6 批后,株势开始衰退,市场价格下降,一般在 6 月下旬至 7 月上旬进行割藤更新。据寿光市经验,割藤更新的最佳时间为 6 月 25 日至 7 月 5 日。按照瓜蔓长势强弱,在瓜蔓的 10～18 节位上割除主蔓,培养一个侧蔓成主蔓。割蔓时配合剪除老叶、施肥灌水和中耕除草。20 天后丝瓜藤蔓恢复,开始结瓜,显示出强壮的生长势,再生后的丝瓜果大、肉质细嫩、味甜,深受市场欢迎。更新后的丝瓜相对结果期延长 1 个月以上,每 667 平方米可增收丝瓜 1 500～2 000 千克。

第八章　日光温室丝瓜病虫害防治技术

一、侵染性病害

(一)丝瓜霜霉病

【症　状】　主要危害叶片,先在叶正面出现不规则褪绿斑,后扩大为多角形黄褐色斑,湿度大时病斑背面长出紫黑色霉层,后期病斑连片,致使整叶枯死。

【发病条件】　由真菌侵染引起,靠气流传播。温度和湿度是影响该病发生的两个重要因素,病菌萌发的适温为15℃～20℃,最适合的侵入温度为16℃～22℃。温度高于30℃时,病菌很难侵入;42℃以上时,病菌停止活动而死亡。空气相对湿度在85%以上时有利于发病。

【防治方法】　发现中心病株后用25%吡唑醚菌酯乳油800～1 500倍液或50%烯酰吗啉可湿性粉剂1 000～1 500倍液对水喷雾,每隔7～10天喷1次,连喷2～3次。

(二)丝瓜疫病

【症　状】　主要危害果实,茎蔓或叶片也受害。近地面的果实先发病,出现水浸状暗绿色圆形斑,扩展后呈暗褐色,病部凹陷,由此向果面四周作水渍状浸润,上面生出灰白色霉状物。湿度大时,病瓜迅速软化腐烂。茎蔓染病部初呈水渍状,扩展后整段软化湿腐,病部以上的茎叶萎蔫枯死。叶片染病,病斑呈黄褐色,湿度大时生出白色霉层腐烂。苗期染病,幼苗根茎部呈水浸状湿腐。

【发病规律】 丝瓜疫病为一种真菌性病害。病菌随病残体在土壤中越冬,也可在种子上存活越冬,借风雨及灌溉水传播。适宜发病的温度为27℃～31℃。在适温范围内,若遇连阴雨或灌水过多,此病易流行危害。一般在植株结瓜初期发生,果实膨大期为发病高峰期。高温多雨,病害传播蔓延快,危害严重。土壤黏重,地势低洼,重茬地发病重。

【防治方法】 发病初期喷洒50%烯酰吗啉可湿性粉剂1 000～1 500倍液,或75%百菌清500倍液,或80%代森锰锌600倍液,或72%霜脲·锰锌800倍液等,每隔7天喷1次,连喷2～3次。

(三)丝瓜炭疽病

【症　状】 主要危害叶片、叶柄、茎蔓及果实,苗期至成株期均可受害。叶片病斑近圆形,边缘分界不明晰,黑褐色,具轮纹。后期病斑常扩展成不规则形。叶柄、茎蔓病斑黄褐色,椭圆形或近圆形,稍凹陷。果实病斑初呈水渍状,圆形或不定型,凹陷。湿度大时,病部可溢出近粉红色黏液。

【发病条件】 炭疽病是真菌性病害,由半知菌亚门刺盘孢属真菌侵染致病。病菌以菌丝体和拟菌核在病株残体或土壤里越冬,也可附着在种子表皮黏膜上越冬。此外,病菌还可在温室内的旧木材上营腐生生活,翌年借种子、灌水、风雨、昆虫等传播。分生孢子可直接由表皮或伤口萌发入侵。病菌孢子萌发的适温为22℃～27℃,病菌生长适温为24℃;30℃以上,10℃以下即停止生长。发病要求较高的空气湿度,当空气相对湿度高达87%～95%时,发病迅速;空气相对湿度小于54%时,病害不能发生。此外,在地势低洼、排水不良、密度过大、氮肥过多、通风不良、灌水过多、连作重茬的情况下,发病严重。

【防治方法】 发病初期,可用60%吡唑醚菌酯可分散粒剂

800 倍液,或 25％咪鲜胺乳油 1 500～2 000 倍液,或 50％多菌灵可湿性粉剂 500～700 倍液,或 65％代森锌可湿性粉剂 500 倍液,或 25％嘧菌酯悬浮剂 1 000 倍液,或 50％炭疽福美 400 倍液,或农抗 120 的 200 倍液喷洒。每 6～7 天喷 1 次,连续喷 4～5 次。

(四)丝瓜褐斑病

【症　状】　主要危害叶片。病斑褐色至灰褐色,圆形或长形至不规则形,病斑边缘明显或不明显,有时现出褪绿至黄色晕圈,霉少见。早晨日出或晚上日落时,病斑上可见银灰色光泽。

【发病原因】　菌丝体或分生孢子丛在土中的病残体上越冬。发病期间病菌借气流传播蔓延。温暖高湿,偏施氮肥,或连作地发病重。

【防治方法】　发病初期喷洒 40％甲霜灵可湿性粉剂 600～700 倍液,或 60％琥·乙磷铝(DTM)可湿性粉剂 500 倍液,或 64％噁霜灵·锰锌可湿性粉剂 500 倍液,或 36％甲基硫菌灵悬浮剂 400～500 倍液,或 1∶1∶240 波尔多液,每隔 10 天左右喷 1 次,连喷 2～3 次。

(五)丝瓜轮纹斑病

【症　状】　主要危害叶片。叶片上病斑近圆形至不规则形,深褐色,边缘呈波纹状,病斑周围有褪绿或黄色区,病斑中间有波纹状同心轮纹。湿度大时,病斑表面出现污灰色菌丝,后变为橄榄色。有时病斑上可见黑色小粒点。致病菌为蒂腐壳色单隔孢菌。分生孢子器洋梨形或扁球形,黑色,光滑,内生分生孢子。分生孢子长椭圆形,双胞,褐色,表面有纵行条纹。

【发病规律】　病菌以菌丝体和分生孢子器在病残体上越冬。翌年,条件适宜时分生孢子器内释放出分生孢子,经风雨传播,分生孢子萌发后由伤口侵入,也可由衰弱部位直接侵入。气温为 27℃～28℃时适宜发病,湿度大或干湿与冷热变化大时易发病。

肥料不足,管理粗放,长势衰弱,病情加重。

【防治方法】 ①加强肥水管理,喷施叶面营养剂,有助于减轻发病。②注意防治虫害,以减少植株伤口,亦有助于减轻发病。③发病前或发病初期喷洒叶面营养剂+75%百菌清+70%甲基硫菌灵(1:1)1 000 倍液,每隔 10 天左右喷施 1 次,连喷 2～3 次,注意喷匀喷足。

(六)丝瓜绵腐病

【症　状】 该病主要危害果实。一般多在植株下部尤其是接触地面的果实发病。果实发病,多从脐部或伤口附近出现水浸状斑点,迅速扩展成大型水浸状褐色病斑,有时扩展至半个果实至整个果实,果实发病部位表面湿度大时长有一层白霉。最后病部腐烂。

【发病条件】 病菌以卵孢子在土壤表层越冬,也可以菌丝体在土壤中营腐生生活。翌年温、湿度条件合适时,卵孢子萌发或土中菌丝都产生孢子囊,孢子囊萌发释放出游动孢子,借雨水反溅或灌溉水流传播,与植株下部或触地果实接触后侵入引起发病。病菌在 10℃～30℃范围内均能很好发育,发育适温为 27℃～28℃。要求 95%以上空气相对湿度,孢子囊萌发释放出游动孢子需有水滴存在。因此,高湿度和水成为发病的决定性因素。地势低洼、地下水位高、雨后积水地块发病严重。

【防治方法】 ①平整土地,做到灌水后地面无积水。②高畦栽培,地面覆地膜,或雨季来临前地面铺草,阻隔土中孢子释放,可减轻发病。③及时绑架、整蔓,适度打掉植株下部老叶,增强通风透光,降低株间湿度。④及时摘收植株下部果实。留种果实要脱离地面。⑤发病初期及时用药防治,可选用 25%甲霜灵可湿性粉剂 800 倍液,或 40%乙磷铝可湿性粉剂 250 倍液,或 64%噁霜灵·锰锌可湿性粉剂 500 倍液,或 72.2%霜霉威水剂 400 倍液,或 15％噁霉灵水剂 450 倍液,或 77％氢氧化铜可湿性微粒粉剂 500 倍液,或 72％霜脲·锰锌可湿性粉剂 500 倍液,或 80％碱式硫酸铜可湿性粉剂 800 倍液,或 80％代森锰锌可湿性粉剂 800 倍液喷洒,要着重喷布植株下部和地面。

(七)丝瓜灰霉病

【症　状】　成株期发病,主要危害果实,也可危害叶片和茎。病菌主要从开败的雌花花瓣侵入,造成花腐烂,并长出灰色霉层,进而危害柱头,而后向果实扩展。果实发病,开始果皮呈灰白色水渍状,病部逐渐变软、腐烂,出现大量的灰色霉层,而后花瓣枯萎脱落,被害幼瓜轻者生长停滞,严重时瓜条腐烂脱落。如病花、病果落在叶片和茎上,则引起叶片和茎上发病。叶片病斑呈"V"形,有轮纹,后期也生灰霉。茎主要在节上发病,病部表面灰白色,密生灰霉,当病斑绕茎一圈后,茎蔓折断,其上部萎蔫,整株死亡。

【发病规律】　病原真菌主要以菌丝体、分生孢子在病残体上越冬,或以菌核在土壤中越冬。分生孢子借气流、灌溉水和田间操作传播。花期是病菌侵染的高峰期。幼瓜膨大期浇水后,因湿度大而使病果猛增,这是烂果的高峰期。发病适温为 20℃左右。空气相对湿度 70％时,病害开始发生;空气相对湿度达 90％以上时,发病严重。可见,灰霉病菌喜低温、高湿和弱光条件,如加上肥料不足、植株长势弱、浇水过多、通风不良,更利于病害发生和发展。

【防治方法】　①农业防治。使用无滴膜,及时清洁棚面尘土,增加光照;适时灌水,不要大水漫灌,切忌阴天灌水,防止湿度过大;寒流来临时,做好保温工作;丝瓜凋萎后的花瓣应及时摘除,装在塑料袋内带出野外深埋或烧毁,可明显减少病菌在田间传播;收获后彻底清除病残体,并深埋 15 厘米以上,将表土菌核翻入底层,以减少初侵染菌源;重病地块可在盛夏休闲时深埋残株、灌水淹田,并将水面漂浮物捞出深埋或烧掉。②药剂防治。定植前几天,用 50％万霉灵可湿性粉剂 800 倍液向苗床喷洒,做到瓜苗带药定植;选用 50％腐霉利 1 500 倍液,或 50％异菌脲可湿性粉剂 1 000 倍液,或 50％乙烯菌核利可湿性粉剂 1 000 倍液,在丝瓜花期开始喷药,着重喷花,每隔 7 天喷 1 次,连续喷 3～4 次;发病前用腐霉利烟剂或 25％多霉清烟剂,每 667 平方米每次用 250 克在傍晚密闭温室熏烟防治,每 7 天熏 1 次。

(八)丝瓜白粉病

该病俗称"挂白灰",各地普遍发生,是保护地丝瓜栽培中的重要病害之一,从苗期至收获期均可发生。

【症　　状】　主要危害叶片,叶柄、茎次之,果最轻。发病初期叶面或叶背产生近圆形的白色小粉斑,环境适宜时,逐渐扩大成边缘不明显的连片白粉斑,其上布满白色粉末状的霉,病叶枯黄发脆,但不易脱落。有时(秋季多见)病斑上出现散生或成堆的小黑点。叶柄与嫩茎上的症状与叶片相似,但白粉较少。病害逐渐由植株下部往上发展。白粉后期可变成灰白色或红褐色,严重时植株枯死。

【发病规律】　病原真菌在低温干燥地区以闭囊壳随病残体在土壤中越冬,在保护地或较温暖的地区以菌丝体在丝瓜植株上越冬。病菌产生分生孢子借气流或雨水传播。如露地田间湿度大,温度为 16℃～24℃时,该病易流行;高温干旱,病情受抑制。保护地湿度大,空气不流通,该病比露地发病早而且重。

【防治方法】　①农业防治。与非瓜类作物进行 3 年以上轮作;收获后彻底清除病残体并烧毁或深埋;定植前每 100 立方米空间用硫磺粉 200～250 克和锯末 500 克掺匀,密闭温室点燃熏一夜;定植后注意通风透光,降低温室内湿度,及时供应肥水,防止瓜株徒长或脱肥早衰。②药剂防治。发病初期喷洒 27％高脂膜乳剂 50～100 倍液,或 2％农抗 120 水剂或 2％武夷霉素水剂 200 倍液。白粉病对硫特别敏感,可选用 40%多硫胶悬剂 800 倍液,或 25%乙嘧酚水剂 800 倍液,或 10%苯醚甲环唑水分散剂 1 500~2 000倍液,或 20%三唑酮乳油 1 500 倍液,或 12.5%腈菌唑乳油 5 000倍液,每隔 7~10 天喷 1 次,连喷 2~3 次。

(九)丝瓜白绢病

【症　状】　病茎基部暗褐色,其上生有白色丝状菌丝体,呈辐射状,边缘尤为明显,后期在菌丝体上产生球状菌核。天气潮湿时,菌丝体在地面上蔓延,亦产生菌核。果实受害部软腐,表面也产生白色丝状菌丝体和菌核。后期整个果实腐烂。

【发病规律】　以菌核在土中越冬。菌核萌发产生菌丝,从伤口或死腐组织侵入寄主内。在高温潮湿的环境下发病重,疏松的沙质地发病亦重。

【防治方法】　①农业防治。消灭病株。深耕翻土壤。加强田间管理,避免果实直接与地面接触。保持地面干燥,防止地面渍水。②药剂防治。用 50%混杀硫或 36%甲基硫菌灵悬浮剂 500 倍液,或 20%三唑酮乳油 2 000 倍液喷洒,每隔 7~10 天喷 1 次。

(十)丝瓜细菌性角斑病

【症　状】　主要危害叶片和果实,偶然也在茎上发生。幼苗发病,子叶上发生圆形或卵圆形水浸状凹陷病斑,后变褐色,干枯。成株期叶片受害,初为水渍状浅绿色斑点,扩大后变淡褐色,因受叶脉限制呈多角形病斑,后期病斑呈灰白色,易穿孔。湿度大时,病斑上产生乳白色黏液即菌脓。茎、叶柄、瓜上的病斑,初呈水浸状,近圆形,后呈淡灰色,病斑中部常产生裂纹,潮湿时病部产生菌脓。果实上的病斑常向内部扩展,果实后期腐烂,有臭味。幼果受害,易腐烂早落。

【发病条件】　细菌性角斑病由假单胞杆菌属的细菌侵染致

病。病菌在种子内或随病株残体在土壤中越冬,在种子上可存活2年。种子萌发时,附着的病菌侵染子叶。土壤中的病菌越冬后,由雨水或灌溉水溅到茎、叶或果实上侵染发病。病斑上的菌脓通过雨水、昆虫、农事操作等途径传播,病菌从气孔、水孔及伤口侵入。

该病发生的适宜温度为18℃～25℃,空气相对湿度在75%以上。在降雨多、湿度大、地势低洼、管理不当、多年重茬的地块病害严重。保护地通风不良、湿度大、结露时间长的情况下病害发生多。

【防治方法】 ①催芽播种前,应进行种子处理,以消灭种子带菌。常用的处理方法:一是温汤浸种。用50℃的温水浸种20分钟。二是药剂浸种。用新植霉素200毫克/千克液,或50%代森铵500倍液,或福尔马林150倍液浸种1.5小时,捞出洗净催芽。②与非瓜类作物实行2年以上的轮作。③利用无病的田土育苗,有条件的可用无土育苗技术,防止幼苗染病。④加强栽培管理。保护地内应加强通风,降低湿度,防止发病。栽培中尽量利用高垄或半高垄栽培,铺设地膜,减少浇水次数,降低田间湿度。雨季及时排水防涝,做到地里无积水。丝瓜收获,及时清洁温室,把病株残体深埋或烧毁。⑤药剂防治。发病初期可用农用链霉素200毫克/千克液,或新植霉素150～200毫克/千克液,或琥胶肥酸铜杀菌剂500倍液,或70%甲霜铝铜250倍液,或3%中生菌素可湿性粉剂800倍液加50%噻枯唑·噁霉灵可湿性粉剂800倍液喷洒。如果细菌性角斑病与霜霉病同时发生,可用35%瑞毒唑铜喷洒,每5～6天喷1次,连喷3～4次。

(十一)丝瓜细菌性斑点病

【症　状】 主要危害叶片,多以中上部叶片发病重。初期出现油浸状褪绿圆形小斑点,逐渐扩大成直径1～3毫米的近圆形或多角形淡褐色病斑,病斑周围有油浸状褪绿晕圈。发病重时,叶片上布满病斑,可导致叶片早枯。

【发病原因】 该病为野油菜黄单胞菌所致。病菌随病残体在土壤中越冬，也可随种子越冬，靠风、雨传播。发病适宜温度为22℃～25℃，95％以上的空气相对湿度，侵入叶片需要叶面有水膜存在。保护地丝瓜发病重于露地丝瓜。保护地丝瓜多在通风口或薄膜破漏处发病。

【防治方法】 同细菌性角斑病。

(十二)丝瓜细菌性缘枯病

【症　状】 主要危害叶片。多在叶缘过去处产生水浸状小斑点，逐渐扩大为淡褐色不定型病斑，或由叶缘向叶片中间扩展成"V"形斑。病斑油浸状，周围有晕圈。果实发病，多在果尖部发生水浸状褐色病斑，湿腐，后脱水干枯，黄化凋萎。湿度大时，病部溢出少量白色菌脓。

【发病规律】 该病为边缘假孢菌所致。病菌随病残体在土壤中越冬，种子也可带菌，借风雨、农事操作传播。病菌喜温和湿润的条件，温度20℃，空气相对湿度90％以上，叶面有结露或叶缘有水，是病菌活动和侵入的重要条件。因此，春茬保护地丝瓜，尤其是日光温室丝瓜发病重。

【防治方法】 同细菌性角斑病。

(十三)丝瓜病毒病

丝瓜病毒病各地均有发生，其危害呈加重趋势。

【症　状】 全株发病，植株顶部叶片症状尤为明显，表现浅绿色与深绿色相间斑驳，有时深绿色部分稍呈疱斑，病叶小，叶缘缺刻加深，边缘上卷，叶片硬而脆。病株生长衰弱，结瓜少，瓜小而扭曲畸形。

【发病原因】 由多种病毒侵染而引起，主要毒原是黄瓜花叶病毒。黄瓜花叶病毒粒体球状，直径28～30纳米。病毒汁液稀释限点 1 000～1 0000 倍,失毒温度 60℃～70℃,体外存活期3～4天。寄主范围有 39 科 117 种植物。

【传播途径和发病条件】 病毒主要在田间多年生宿根寄主植物根部越冬。翌年春宿根杂草萌发,病毒随之由根部上升到地上茎叶部。由桃蚜、棉蚜等媒介蚜虫传播。只要有蚜虫在田间活动,病毒传播很快,尤其苗期和栽植不久瓜株被染上病毒,发病激烈,损失很大。高温、干旱有利于发病,气温为 25℃发病最甚,超过30℃多表现隐症。旱情与发病轻重密切相关,干旱时有利于蚜虫繁殖和迁飞活动,故传毒频繁,病情迅速发展。

【防治方法】 ①选用抗病品种及种子处理。棒槌丝瓜较蛇形丝瓜抗病毒病及霜霉病。播种前用 60℃～62℃温水浸种 10 分钟后移入冷水中冷却,捞出晾干后播种。也可用 10%磷酸三钠溶液浸种 20 分钟后用清水冲洗干净,催芽播种。②采用日光温室栽培,将丝瓜的苗期避开蚜虫迁飞高峰期。③加强管理。合理施肥,增施磷、钾肥,使植株生长健壮,增强耐病性。及时清除杂草,农事操作中注意病健株分开,在病株上操作后,用肥皂水洗手后,再在健株上操作。④及时灭蚜。每 667 平方米用 10%吡虫啉 20 克对水 50 升喷雾。蚜虫多集中于叶背及嫩梢上,喷雾时务必做到细致周到。⑤用药剂防治病毒病。发病前或发病初期,用生豆浆 1 份+10～20 份水混匀后喷洒,每隔 7～10 天喷 1 次,连续喷 5 次。也可用菌毒·吗啉胍+医用吗啉胍 15 片+吗啉胍·乙酮15克+天然芸薹素 5 克对水 15 升喷洒作物叶面,每 7 天喷 1 次,连喷 2～3 次。还可用菌毒·吗啉胍 3 000 倍液灌根。

(十四)丝瓜根结线虫病

【症　状】 在日光温室中,由于一年四季轮换种植丝瓜,给病原线虫提供了必要的营养和生存条件,随着种植年限的增加,土壤中根结线虫数量逐年增多,给丝瓜生产造成巨大损失。根结线虫主要危害丝瓜的地下根部,尤其侧根及须根更容易受害。根结线虫寄主范围十分广泛,瓜类蔬菜中丝瓜受害较重,严重时植株萎蔫死亡。

【发病规律】　危害丝瓜的根结线虫种类较多,其中南方根结线虫占发生总量的 77%。根结线虫主要以卵或 2 龄幼虫随肿瘤、根结遗留在土壤里,或直接在土壤里越冬,一般可存活 1~3 年。越冬后的 2 龄幼虫在土壤温度适宜时开始活动,直接侵入根部。线虫在寄主根结或根瘤内生长发育至 4 龄时,雄虫与雌虫交尾,交尾后雌虫在根结内产卵,雄虫钻出寄主组织进入土中自然死亡。根结内的卵孵化成 2 龄幼虫,离开寄主进入土中,生活一段时间重新侵入寄主或留在土壤中越冬。土壤、病苗和灌溉水是传播的主要途径。

【防治方法】　①丝瓜与禾本科作物轮作 2~3 年,对床土实行消毒,施用充分腐熟的有机肥。前茬作物收获后进行 20 厘米以上的深翻,彻底清除田间、地头杂草。②发病地淹水淤灌 4 个月。保护地可在拉秧以后,在盛夏季节挖沟起垄,沟内灌满水,覆盖地膜密闭 15~20 天,杀灭土壤中的线虫效果很好。③在播种或定植前 15 天,每 667 平方米用 33% 威百水剂 3~4 千克对水 50~75 升,开沟浇施,而后覆土。或在定植时每 667 平方米穴施 10% 噻唑磷颗粒 5 千克。田间发病时可对发病的部位用 50% 辛硫磷乳油 1 500 倍液,或 80% 敌敌畏乳油 1 000 倍液,或 90% 敌百虫晶体 800 倍液灌根,每株灌药液 0.25~0.5 千克。

二、虫　害

(一)白 粉 虱

白粉虱又名温室白飞虱,属同翅目,粉虱科。20 世纪 70 年代后期,随着日光温室等保护地蔬菜种植面积的扩大,该虫的发生与分布呈扩大蔓延趋势。目前,我国大部分地区都有该虫的发生和为害,已成为温室栽培蔬菜的重要害虫。

【为害症状】 白粉虱主要以成虫和若虫群集在叶片背面吸食植物汁液,使叶片褪绿变黄,萎蔫甚至枯死,影响作物正常的生长发育。同时,成虫所分泌的大量蜜露堆积于叶面及果实上,引起煤污病的发生,严重影响光合作用和呼吸作用,使作物的产量和品质降低。此外,该虫还能传播某些病毒病。

【发生规律】 白粉虱在日光温室条件下1年可发生10余代,能以各种虫态在日光温室蔬菜上越冬,或继续进行为害。5～6月份虫口密度增长比较慢,7～8月份虫口密度增长较快,8～9月份为害最严重。10月下旬以后,气温下降,虫口数量逐渐减少,并开始向日光温室内迁移为害或越冬。白粉虱成虫对黄色有强烈趋性,但忌白色、银白色,不善于飞翔。在田间先一点一点发生,然后逐渐扩散蔓延。田间虫口密度分布不均匀,成虫喜群集于植株上部嫩叶背面并在嫩叶上产卵。随着植株的生长,成虫不断向上部叶片转移,因而植株上各虫态的分布就形成了一定的规律:最上部嫩叶,以成虫和初产的淡黄色卵为最多,稍下部的叶片多为深褐色的卵,再下部依次为初龄若虫、老龄若虫和蛹。成虫羽化时间集中于清晨。雌成虫交尾后经1～3天产卵。卵多产于叶背面,以卵柄从气孔插入叶片组织内,与寄主保持水分平衡,极不易脱落。每头雌虫产卵120～130粒,最多可产卵534粒。温室白粉虱成虫活动最适温度为25℃～30℃,卵、老龄若虫和蛹对温度和农药抗逆性强,一旦作物上各虫态混合发生,防治就十分困难。

【防治方法】 ①农业防治。一是培育无虫苗,定植前对日光温室进行消毒。每667平方米日光温室用80%敌敌畏0.4～0.6千克熏杀,或用10%吡虫啉可湿性粉剂1 000倍液喷雾。二是合理布局。在温室附近的露地避免栽植瓜类、茄果类、菜豆类等白粉虱易寄生、发生严重的蔬菜,提倡种植白粉虱不喜食的十字花科蔬菜。温室内避免混栽苦瓜、番茄、菜豆等,防止白粉虱相互传播而加重为害和增加防治难度。三是在温室通风口密封尼龙纱,控制外来虫源。虫害发生时,结合整枝打杈,摘除带虫老叶,携出棚外深埋或烧毁。②物理防治。利用白粉虱趋黄习性,在白粉虱发生初期,将涂有机油的黄色板置于温室内高出蔬菜植株处,诱杀粉虱成虫。③生物防治。温室内蔬菜的白粉虱发生量在 0.5～1 头/株时,可按每株丝瓜释放丽蚜小蜂"黑蛹"3～5 头,每隔 10 天左右放 1 次,共释放 3～4 次,寄生率可达 75％以上,控制白粉虱的效果较好。④药剂防治。一是烟雾法。每 667 平方米日光温室用 22％敌敌畏烟剂 0.5 千克,于傍晚闭棚熏烟;或每 667 平方米用 80％敌敌畏乳油 0.4～0.5 千克,浇洒在锯木屑等载体上,再加上几块烧红的煤球熏烟。二是喷雾法。可用 10％异丙威噻嗪酮乳油 1 000 倍液,或 10％吡虫啉可湿性粉剂 1 000 倍液,或 2.5％联苯菊酯乳油 2 000 倍液,或 2.5％高效氟氯氰菊酯乳油 3 000 倍液,或 20％甲氰菊酯乳油 2 000 倍液,或 80％敌敌畏乳油 1 000 倍液,每隔 5～7 天喷洒 1 次,连续喷 3～4 次。由于白粉虱世代重叠,在同一时间同一作物上存在各种虫态,而当前采用的药剂没有对所有虫态均适用的种类,所以在药剂防治上,必须连续几次用药,才能取得良好防效。

(二)瓜　蚜

【为害症状】　瓜蚜的成虫及若虫栖息在瓜类叶片背面和嫩梢嫩茎上吸食汁液。结瓜前嫩叶及生长点被害后,植株提前枯死,大大缩短了结瓜期,减少了丝瓜的产量。此外,该虫还能传播病毒病。

【发生规律】　瓜蚜无滞育现象,因此,它只要具有生长繁殖的条件,可周年发生。北方冬季可在日光温室的瓜类上继续繁殖。

春季当气温稳定至 6℃ 以上,越冬卵开始孵化。越冬卵孵化一般多与越冬寄主叶芽的萌芽相吻合。当气温达 12℃ 时,在冬寄主上行孤雌胎生繁殖 2~3 代。在 4~5 月初,产生有翅胎生雌蚜,从冬寄主迁飞到瓜田和温室内繁殖为害。秋末冬初气温下降,不适于瓜蚜生活时,瓜蚜就产生有翅蚜,逐步有规律地向冬寄主转移。瓜蚜活动繁殖的温度范围为 6℃~27℃,16℃~22℃ 最适于繁殖。瓜蚜繁殖速度与气温关系密切,夏季 4~5 天繁殖 1 代,春、秋季 10 余天繁殖 1 代,冬季温室内蔬菜每 6~7 天繁殖 1 代。由于每头雌蚜可产若蚜 60~70 头,且世代重叠严重,所以瓜蚜发展迅速。瓜蚜具有较强的迁飞和扩散能力。瓜蚜的扩散主要靠有翅蚜的迁飞、无翅蚜的爬行及借助于风力或人力的携带。干旱气候有利于瓜蚜发生,夏季在温度和湿度适宜时,也能大量发生。一般离瓜蚜越冬场所和越冬寄主植物近的日光温室受害重。有翅蚜对黄色有趋性,对银灰色有负趋性,有翅蚜迁飞还能传播病毒。

【防治方法】 ①生物防治。选用高效低毒的农药,以避免杀伤天敌。有条件的地方可人工助迁或释放瓢虫(以七星瓢虫为好)和草铃以消灭蚜虫。②物理防治。育苗时,小拱棚上覆盖银灰色薄膜;定植后,日光温室四周挂银灰色薄膜条,温室的通风口设置纱网,以减少蚜虫迁入。用 30 厘米×60 厘米的木板或纸板漆成黄色,外涂机油,均匀插于温室内,可诱杀有翅蚜以减少危害。③药剂防治。一是烟雾法:每 667 平方米用 22% 敌敌畏烟剂 0.5 千克,或灭蚜宁 0.4 千克,分开堆放 4~5 堆,用暗火点燃闭棚熏烟 3~4 小时。二是喷雾法:用 10% 吡虫啉可湿性粉剂 1 000 倍液,或 2.5% 高效氟氯氰菊酯乳油 3 000 倍液,或 2.5% 联苯菊酯乳油 3 000 倍液。或 5% 鱼藤精乳油 500 倍液喷雾。喷洒时应注意使喷嘴对准叶背,将药液尽可能喷到瓜蚜体上。为避免瓜蚜产生抗药性,应轮换使用不同类型的农药。

（三）美洲斑潜蝇

【为害症状】　以幼虫蛀食叶片上下表皮间的叶肉为主，形成黄白色蛇形斑，坑道长达 30～50 毫米，宽 3 毫米。成虫产卵取食也造成伤斑。虫体的活动还能传播病毒。

【发生规律】　该虫在日光温室内全年都能繁殖。成虫大部分在上午羽化，羽化后 24 小时即可交尾产卵。雌虫刺伤植物寄主叶片，形成刺孔，呈刻点状，通过刻点取食和产卵。幼虫取食导致大量叶片死亡。美洲斑潜蝇造成的叶片伤口中，约有 15% 的活卵。雄虫不能形成刻点，但可在雌虫造成的伤口上取食。雌虫产卵于叶片表皮下或裂缝内，有时也产于叶柄，产卵的数量随温度和寄主植物而异，在 25℃ 下雌虫一生平均可产 164.5 粒卵。根据温度的高低，卵在 2～5 天内孵化。幼虫发育历期一般为 3～8 天，蛹历期一般为 6～10 天，完成一代约 15 天。影响美洲斑潜蝇发生的主要因素是温度、湿度和食料。环境温度对斑潜蝇的发育速度有明显的影响。在 12℃～35℃ 的条件下，美洲斑潜蝇能完成生活史。20℃ 以下发育很慢，30℃ 以上种群增长急剧下降。北方日光温室中 2～3 月份能见到该虫的虫道。在自然界中，该虫的世代重叠明显，种群发生高峰期与衰退期极为突出。

【防治方法】　①农业防治。温室栽培丝瓜要培育无虫苗，收获后清洁温室，把被潜叶蝇为害的植株残体集中深埋、沤肥或烧毁。要合理布局，将瓜类、茄果类、豆类蔬菜与该虫不为害的作物进行套种或轮作。适当稀植，增加田间通透性。②黄板诱杀。温室内用 30 厘米×60 厘米的木夹板涂上黄色油漆制成黄板，黄板上加粘蝇纸或不干胶或凡士林等黏性物质诱杀成虫。③药剂防治。可用 48% 毒死蜱乳油 1 000 倍液，或 10% 吡虫啉可湿性粉剂 1 000 倍液，或 50% 灭蝇胺可湿性粉剂 2 000 倍液，或 1.0% 阿维菌素乳油 2 500 倍液喷雾。也可用 10% 氯氰菊酯乳油 2 000 倍液，或

10％二氯苯醚菊酯乳油 2 000 倍液喷雾。用药适期掌握在成虫产卵高峰期至初孵幼虫期。

（四）瓜亮蓟马

【为害症状】　成虫和若虫吸食植物生长顶心、心叶、嫩梢、嫩芽及花蕾和幼果的汁液，致使被害株的生长点嫩梢变硬而萎缩，植株生长缓慢，节间缩短，茸毛呈褐色或黑褐色。受害叶片向正面卷缩，受害的心叶不能展开，幼瓜受害后出现畸形，毛茸变黑，有的脱落，对产量和品质均影响极大。

【发生规律】　瓜亮蓟马多以成虫潜伏在土块、土缝下或枯枝落叶间越冬，少数以若虫越冬。越冬成虫在翌年气温回升至 12℃时开始活动，瓜苗出土后，该虫即转至瓜苗上为害。由于温室保护地蔬菜生产和露地蔬菜生产衔接或交替，给瓜亮蓟马创造了能终年繁殖的条件，在日光温室蔬菜越冬茬栽培中，可发生瓜亮蓟马为害，但为害程度一般比秋茬和春茬轻。全年为害最严重的时期为 5 月中下旬至 6 月中下旬。初羽化的成虫具有向上、喜嫩绿的习性，且特别活跃，能飞善跳，爬动敏捷。白天阳光充足时，成虫多数隐藏于瓜苗的生长点及幼瓜的毛茸内。雌成虫具有孤雌生殖能力，每头雌虫产卵 30～70 粒。瓜亮蓟马发育最适温度为 25℃～30℃。土壤湿度与瓜亮蓟马的化蛹和羽化有密切的关系，土壤含水量在 8％～18％的范围内，化蛹和羽化率均较高。

【防治方法】　①农业防治。清除日光温室中的残茬落叶，减少虫源；加强水肥管理，使植株生长健壮，提高抗虫力；在成虫迁入高峰时用纱网阻隔温室门窗，以减少侵入虫量。②育苗时，清除苗床杂草，密封四壁，集中喷药，消灭残存虫源，培育无虫苗。③药剂防治。其关键是早发现早防治。一是烟雾法：在温室中每立方米可用 21％敌敌畏塑料块缓释剂 7～10 克熏蒸。二是喷雾法：可用 73％炔螨特 1 200 倍液，或 20％复方浏阳霉素 1 000 倍液，每 10～

14天喷1次,连喷2～3次。喷药的重点是植株的上部,尤其是嫩叶背面和嫩茎。

不少菜农都觉得蓟马难治,甚至有的菜农对其束手无策,之所以存在这种想法,其根本原因是不了解蓟马的生活习性,因而在防治工作中无的放矢,费力不讨好,从而产生了畏难情绪,主要表现在以下3个方面:一是只重视杀虫,不重视杀卵。对于害虫的防治,菜农多存在急功近利的做法,在用药中仅注重杀虫,不注意杀卵,出现了"摁下葫芦浮起瓢"的被动局面。因此,防治蓟马选用的药剂最好具有虫、卵皆杀功效的药剂,或将杀虫与杀卵的药剂复混使用。可选用2.5%多杀菌素1000倍液+10%吡虫啉2000倍液进行防治。因为多杀菌素对害虫具有快速的触杀和胃毒作用,对叶片有较强的渗透作用,持效期较长,且有一定的杀卵作用;而吡虫啉则具有触杀、胃毒和内吸等多重作用。二是只知用药防治,不管用药时间。不少菜农对防治蓟马与防治其他病虫害一样,都是在上午或下午用药。但这种做法不适合用于防治蓟马,因为蓟马具有趋花的习性和昼伏夜出的习性,其趋花的习性,要求防治蓟马必须在花前用药才有效果;其昼伏夜出的习性,要求防治蓟马必须在傍晚用药才有效果。三是只喷植株,不喷地面。因为蓟马的卵、蛹及成虫隐藏性强,不仅存在于植株上,也大量存在于土壤裂缝中,因而只喷植株杀虫不彻底。为了彻底消灭蓟马,在喷药时应加大用药量,不仅要喷洒植株,还要喷洒地面,而且要喷严喷透。

(五)黄守瓜

【为害症状】　黄守瓜成虫取食丝瓜瓜苗的叶和嫩茎,常把叶片食成环形或半环形缺刻,咬食嫩茎造成死苗,还为害花及幼瓜。该虫在土中咬食根茎和瓜根,常使瓜秧萎蔫死亡。黄守瓜还蛀食贴地面生长的瓜果。如果对该虫防治不及时,往往造成丝瓜较大幅度地减产和降低丝瓜品质。

【发生规律】 在北方温室保护地瓜菜与露地瓜菜栽培茬相衔接或交替、全年栽培瓜类蔬菜的地区,黄守瓜可从温室保护地转移露地,或从露地转入温室保护地,可1年发生2代,甚至在日光温室内出现3代幼虫。在露地1年1代区越冬成虫5～8月份产卵,6～8月为幼虫为害期,以7月为害最甚,8月份成虫羽化后咬食为害秋季瓜菜,10～11月份逐渐进入越冬场所。在日光温室内,成虫多于2～6月份产卵,3～6月份为幼虫为害期,对5月冬春茬瓜类作物结瓜盛期为害最甚,6月下旬至7月上旬羽化为成虫。第二代幼虫为害期在7～11月份,主要为害秋冬茬和越冬茬瓜类蔬菜秧苗和伏茬的瓜果,11月后又以成虫寄生于温室内,冬季咬食瓜叶。黄足黄守瓜成虫喜在温暖的晴天活动,在早晨露水干后取食。成虫的飞翔力较强,稍受惊扰即坠落地面,一段时间后再展翅飞翔。成虫具有假死性。越冬成虫寿命很长,在北方可达1年左右。成虫对黄色有趋性且喜欢取食瓜类的嫩叶,常常咬断瓜苗的嫩茎,因此瓜苗在5～6片真叶以前受害最严重。该虫在开花前主要取食瓜叶,成虫常以自己的身体为半径旋转咬食1圈,使叶片呈干枯的环形,或半圆形食痕及其圆形孔洞,这是黄守瓜为害的典型特性。开花后,它还可食害瓜花和幼瓜。雌虫一生可产卵150～2000多粒。卵多产在寄主根部附近土表凹陷处,成堆或散产。幼虫蛀食主根后,叶片瘪缩;蛀入茎基则地面瓜藤枯萎,甚至全株死亡。幼虫可转株为害,高龄幼虫还可蛀食地面的瓜果。

【防治方法】 ①阻隔成虫产卵。采用全田地膜覆盖栽培,在瓜苗茎基周围地面撒布草木灰、麦芒、麦秸、木屑等,以阻止成虫在瓜苗根部产卵。②适当间作套种。瓜类蔬菜与十字花科蔬菜、莴苣、芹菜等蔬菜套种间作,瓜苗期适当种植一些高秆作物。③药剂防治。瓜类蔬菜对不少药剂比较敏感,易产生药害,尤其苗期抗药力弱,要注意选用适当的药剂,严格掌握施药浓度。防治黄守瓜成虫可用90%晶体敌百虫1000倍液,或50%辛硫磷乳油1000倍

液,或 2.5％溴氰菊酯乳油 3 000 倍液,或 10％氯氰菊酯乳油 3 000
倍液喷雾。防治黄守瓜幼虫可用 50％辛硫磷乳油 1 000 倍液,或
90％晶体敌百虫 1 000 倍液,或 5％鱼藤精乳油 500 倍液,或烟草
浸出液 30～40 倍液灌根,可杀死土中黄守瓜幼虫。

(六)瓜绢螟

【为害症状】　以幼虫为害瓜类作物的嫩头和幼瓜,也可为害
叶片,发生严重时可吃光叶片,仅剩叶脉。

【发生规律】　瓜绢螟一般 1 年发生 4～5 代,以 8～9 月份为
害最重。成虫昼伏夜出,卵散产于叶背,或 20 粒左右聚集在一起。
卵期为 4～6 天,幼虫期为 10～12 天。初孵幼虫多集中在叶背取
食叶肉,3 龄后吐丝缀合叶片或侵入嫩头为害。该虫严重发生时,
常为害幼瓜、花或潜入瓜藤。幼虫性活泼,遇惊即吐丝下垂转移他
处继续为害。

【防治方法】　①农业防治。清洁温室,瓜田收后将枯藤落叶
收集集中处理,以压低虫口基数。②人工防治。在幼虫发生期,人
工摘除卷叶,捏杀幼虫。③药剂防治。应掌握在卵孵盛期施药,并
注意将药液喷洒到叶背或嫩头上。可用 1.8％阿维菌素乳油 3 000
倍液,或 40％阿维·敌畏乳油 800 倍液,或 50％辛硫磷乳油 1 000
倍液喷洒。

(七)斜纹夜蛾

【为害症状】　以幼虫咬食叶、花和果实。发生严重时,该虫能
将全田植株吃成光杆,甚至绝收。

【发生规律】　各地均以 7～10 月份为害最重。通常每头雌蛾
可产卵 400 粒左右,最多可达 2 000～3 000 粒。幼龄幼虫群集在
卵块附近将叶片为害成筛网状。3 龄以后分散为害,有假死性,并
对阳光敏感,晴天躲在阴暗处或土缝里,夜间、早晨出来为害。老

熟幼虫入土化蛹。

【防治方法】 在各代盛卵期,发现有卵块和新筛网状被害叶时,可随手摘杀并集中喷药围歼。在幼虫低龄时期,每 667 平方米用 90％敌百虫 50 克或 80％敌敌畏 40 克＋水 60 升喷雾。选在黄昏或清晨用药,效果更好。可利用蜘蛛、大蟾蜍或赤眼蜂等自然天敌控制该虫为害。

(八)蛴 螬

【为害症状】 蛴螬为金龟子幼虫,成幼虫均可为害。成虫取食叶片,有时花及果实也会受害。幼虫食性杂,主要为害地下根系及根茎部,造成缺苗断垄,被害植株伤口有利于病菌侵入诱发病害。

【发生规律】 一般 1 年发生 1 代,以幼虫在土中越冬,成虫于 5 月中下旬至 9 月上旬发生,6～7 月份是其发生盛期。蛴螬具有昼伏夜出性、假死性和趋光性,并对未腐熟的厩肥有强烈趋性。幼虫具有喜湿性。成虫有多次交尾、分批产卵的习性,每雌可产卵近 100 粒。初孵幼虫先取食土壤中的有机质,后取食幼苗根系。3 龄后进入暴食期,往往把根茎咬断吃光后再转移为害。春、秋季为害重,且多发生在土壤疏松、厩肥多的地块。

【防治方法】 ①农业防治。施用充分腐熟的有机肥料。适时秋耕,可将部分幼虫翻至地表,人工捡拾或使其风干、冻死或被天敌捕食。灯光诱杀成虫。②药剂防治。一是灌根。可用 50％辛硫磷乳油或 90％晶体敌百虫 1 000 倍液灌根,每株灌药液 200 毫升。二是撒毒土。每 667 平方米用晶体敌百虫 100～150 克,对少量水稀释后拌细土 15～20 千克,均匀撒在播种沟(穴)内,再覆一层细土后播种。也可每 667 平方米用 50％辛硫磷乳油 1 千克,开沟施入根际附近,并及时培土。三是拌种。按 1∶50∶600 的比例取 50％辛硫磷乳剂、水和种子拌匀后闷种 3～4 小时,闷种期间翻动 1～2 次,待种子干后即播种。四是喷药。在成虫盛发期,喷洒 90％晶体敌百虫 1000 倍液或 2.5％敌杀死乳油 3000 倍液等。

(九)地 老 虎

【为害症状】　幼虫为害丝瓜幼苗根茎部。3 龄前幼虫在幼苗叶片和顶心嫩叶处昼夜取食,形成孔洞或缺刻。3 龄后幼虫咬断幼苗近地面嫩茎,并可转株为害,形成缺苗断垄。

【发生规律】　成虫早春开始发生,3 月中下旬为发蛾高峰。第一代幼虫为害盛期一般在 4 月中下旬。1 年发生 4～5 代,常形成春、秋两次为害高峰。成虫昼伏夜出,对糖醋液及黑光灯趋性强。卵多产在近地面植物叶背、嫩茎、土块和杂草上,卵期为 4～11 天。幼虫共 6 龄,3 龄前昼夜为害,3 龄后昼伏夜出。幼虫有假死性和互残性,老熟后入土化蛹。

【防治方法】　①农业防治。早春铲除菜田及其周围杂草,进行春耕细耙,杀死部分卵及幼虫。春季用糖醋液诱杀越冬代成虫,以减轻幼虫为害。②诱捕幼虫。用新鲜泡桐叶或莴苣叶等堆集诱杀,每 667 平方米放 50～60 片,翌日清晨捕捉叶下幼虫。③人工挑治。清晨扒开断苗附近的表土,捕杀潜伏的高龄幼虫。连续捕杀数日,收效较好。④药剂防治。一是毒饵诱杀。用 90％晶体敌百虫 0.5 千克＋水 2.5～5 升,喷拌切碎的鲜草或豆饼粉 30 千克,于傍晚撒在行间苗根附近,隔一段距离撒一堆,每 667 平方米用鲜草毒饵 15 千克左右。二是喷雾。对低龄幼虫可喷洒 48％毒死蜱乳油 1000 倍液,或 50％辛硫磷乳剂 800 倍液或其他菊酯类农药。三是灌根。对高龄幼虫可用 48％毒死蜱乳油 1500 倍液或 50％辛硫磷乳油 1000～1500 倍液灌根。

(十)蝼　　蛄

【为害症状】　蝼蛄又名拉拉蛄、土狗子。成虫、若虫在地下咬食播下的种子或幼芽,或咬死幼苗。受害根部呈乱麻状。蝼蛄在土表下潜行时,将土层钻成许多隆起的隧道,使作物根土分离,致使幼苗失水干枯而死,造成缺苗断垄。

【发生规律】 在保护地和露地丝瓜田里均有蝼蛄出没。成虫、若虫均在土中越冬。3 年发生 1 代。每年 3～4 月份开始活动,5～6 月份当平均气温和 20 厘米深处地温为 15℃～20℃时进入为害盛期,6～7 月份是蝼蛄产卵盛期,7～8 月份天气炎热时潜入土中越夏。9 月份天气凉快时,再次为害。蝼蛄喜欢在夜间活动。成虫有趋光性和喜湿性。特别对马粪、厩肥以及香、甜物质有强烈趋性。

【防治方法】 ①毒饵诱杀。将豆饼或麦麸或棉籽饼炒香,每 1 千克加 90％敌百虫粉剂 30 克,加少量水拌至潮湿即成毒饵。每 667 平方米用毒饵 2 千克左右撒在苗床或地里。②夜晚用黑光灯或电灯诱杀成虫。③药剂防治。可用 5％辛硫磷颗粒剂 1 千克＋土 20 千克混匀后撒入土中。也可用 50％辛硫磷乳油 1 000 倍液或 80％敌百虫可湿性粉剂 800 倍液灌根,每株灌 150～250 克。

(十一)茶 黄 螨

【为害症状】 茶黄螨食性极杂。成、幼螨集中在寄主幼嫩部位刺吸汁液,尤其喜吸尚未展开的芽、叶和花器汁液。被害叶片增厚、僵直、变小或变窄,叶背呈黄褐色油渍状,叶缘向下卷曲。幼茎变褐、丛生或秃尖。花蕾畸形,果实变褐色,粗糙,无光泽,出现裂果,植株矮缩。

由于虫体较小,肉眼一般难以发现,其为害症状与病毒病或生理病害症状有些相似,生产上应注意识别。病毒病发生在嫩叶,表现为小叶,叶皱缩;生理性病害引起落花、落果。但病毒病在干旱条件下发生,除了小叶外,多数病毒病在叶上会表现黄绿色相间的斑驳;生理性病害一般与高温干旱有关,如缺素症、日灼。在高温高湿的季节中一定要注意茶黄螨。茶黄螨为害丝瓜的显著特点是：叶子叶背有油质光泽，发红发亮。

【发生规律】　1年发生20多代，世代重叠。冬季可在日光温室等保护地中越冬或繁殖为害。靠爬行、风力、农具、种苗等传播蔓延，始发时有明显的点片阶段，是防治的关键时期。1年中以7～9月份为害最甚。10月份后，螨量随着气温下降减少。幼螨喜温暖潮湿的环境条件。成螨较活跃，且有雄螨背负雌螨向植株上部幼嫩部位转移的习性。卵多产在嫩叶背面、果实凹陷处及嫩芽上，经2～3天孵化，幼（若）螨期各2～3天。雌螨以两性生殖为主，也可营孤雌生殖。

【防治方法】　①农业防治。压低越冬虫口基数，铲除田头地边杂草，清除枯枝落叶并集中烧毁。②药剂防治。在点片发生时，及时用1.0%阿维菌素乳油1 000倍液，或5%氟虫脲乳油1 200倍液。重点喷洒植株上部嫩叶背面、嫩茎、花器、生长点及幼果等部位，并注意交替轮换用药。茶黄螨主要集中于幼嫩叶的背面，所以喷洒杀螨剂时要上喷下翻，注重喷幼嫩部位，翻过喷头向上喷叶背。

(十二)红蜘蛛

【为害症状】　以成螨、幼螨和若螨群集中叶背吸食汁液，出现褪绿斑点，逐渐变灰白斑和红斑，严重时叶片枯焦脱落。

【发生规律】　1年发生10～20代。雌成虫潜伏于菜叶、草根或土缝附近处越冬。春季开始繁殖并为害。初为点片发生，后吐丝下垂或靠爬行、借风雨扩散传播。先为害老叶，再向上扩散。当食料不足时，有迁移习性。以两性生殖为主，亦有孤雌生殖现象。高温干旱年份发生重。

【防治方法】　①农业防治。清除杂草及枯枝落叶，减少虫源。②药剂防治。加强虫情检查，控制在点片发生阶段用1.8%阿维菌素乳油1000倍液,或73%克螨特(炔螨特)乳油1200倍液喷雾防治。

三、生理病害

(一)丝瓜缺氮症

【症　状】　植株生长受阻,果实发育不良。新叶小,呈浅黄绿色,老叶黄化,果实短小,呈淡绿色。

【发病原因】　土壤本身含氮量低;种植前施大量未腐熟的作物秸秆或有机肥,碳素多,其分解时夺取土壤中的氮,致使土壤中氮素不足;丝瓜产量高,收获量大,从土壤中吸收氮素较多而追肥不及时。

【防治措施】　施用新鲜的有机物作基肥时要增施氮素;施用完全腐熟的堆肥;应急措施是叶面喷施0.2%～0.5%尿素液。

(二)丝瓜缺磷症

【症　状】　植株矮化,叶小而硬,叶暗绿色,叶片的叶脉间出现褐色区。尤其是底部老叶表现更明显,叶脉间因初期缺磷而出现大块黄色水渍状斑,渐变为褐色、干枯。

【发病原因】　堆肥施用量小,磷肥用量少易发生缺磷症。地温常影响对磷的吸收,温度低,对磷的吸收就少。日光温室等保护地冬春季或早春易发生缺磷。

【防治措施】　丝瓜是对磷不足敏感的作物。土壤缺磷时,除了施用磷肥外,预先要培肥土壤。丝瓜苗期特别需要磷,注意增施磷肥;施用足够的堆肥等有机质肥料。应急措施是可喷0.2%磷酸二氢钾或0.5%过磷酸钙水溶液。

(三)丝瓜缺钾症

【症　状】　丝瓜老叶叶缘黄化,后转为棕色干枯。植株矮化,节间变短,叶小。后期叶脉间和叶缘失绿,逐渐扩展到叶的中心,并发展到整个植株。

【发病原因】　土壤中含钾量低。施用堆肥等有机质肥料和钾肥少,易出现缺钾症。地温低,日照不足,过湿,施氮肥过多等均阻碍丝瓜对钾的吸收。

【防治措施】　施用足够的钾肥,特别是在生育的中、后期不能缺钾;施用充足的堆肥等有机质肥料;应急措施是每667平方米用硫酸钾3～4.5千克,作一次性追施,或叶面喷0.3%磷酸二氢钾溶液或1%草木灰浸出液。

(四)丝瓜缺钙症

【症　状】　上部幼叶边缘失绿、"镶金边"。最小的叶停止生长,叶边有深的缺刻,向上卷,生长点死亡。植株矮小,节短,植株自上而下死亡。

【发病原因】　氮多、钾多、土壤干燥均会阻碍对钙的吸收;空气湿度小,蒸发快,补水不足时易产生缺钙;土壤本身缺钙。

【防治措施】　土壤中钙素不足,可施用含钙肥料;避免一次性施用大量钾肥和氮肥;适时浇水,保证水分充足。应急措施是用0.3%氯化钙水溶液喷洒叶面。

(五)丝瓜缺镁症

【症　状】　叶片出现叶脉间黄化,并逐渐遍及整个叶片。主茎叶片叶脉间可能变成淡褐色或白色,侧枝叶片叶脉间变黄,并可能迅速变成淡褐色。

【发病原因】　土壤本身含镁量低,钾、氮肥用量过多,阻碍了对镁的吸收,此问题尤其在日光温室栽培中更突出。收获量大,而没有施用足够量的镁肥。

【防治措施】 土壤诊断时若缺镁,在栽培前要施用足够的含镁肥料;避免一次性施用过量的、阻碍对镁吸收的钾、氮等肥料。应急措施是用1%～2%硫酸镁水溶液喷洒丝瓜叶面。

(六)丝瓜缺锌症

【症　状】 叶片小,老叶片除主脉外变为黄绿色或黄色,主脉仍呈深绿色,叶缘最后呈淡褐色。嫩叶生长不正常,芽呈丛生状。

【发病原因】 光照过强易发生缺锌;若吸收磷过多,植株即使吸收了锌,也表现缺锌症状;土壤 pH 值高,即使土壤中有足够的锌,但其不溶解,也不能被作物所吸收利用。

【诊断要点】 ①缺锌症与缺钾症类似,叶片黄化。缺钾是叶缘先呈黄化,渐渐向内发展;而缺锌则全叶黄化,渐渐向叶缘发展。二者的区别是黄化的先后顺序不同。②缺锌症状严重时,生长点附近节间短缩。

【防治措施】 不要过量施用磷肥。缺锌时可以施用硫酸锌,每 667 平方米施用 1.5 千克。应急措施是用硫酸锌 0.1%～0.2%水溶液喷洒叶面。

(七)丝瓜缺硼症

【症　状】 缺硼时丝瓜叶片变得非常脆弱,生长点和未展开的幼叶卷曲坏死;上部叶向外侧卷曲,叶缘部分变褐色;当仔细观察上部叶片叶脉时,有萎缩现象;果实出现纵向木栓化条纹。雌花柱头褐色腐烂。

【发病原因】 在酸性的沙壤土中一次性施用过量的碱性肥料,易发生缺硼症状;土壤干燥时影响对硼的吸收,易发生缺硼;土壤有机肥施用量少,在土壤 pH 值高的田块也易发生缺硼;施用过多的钾肥,影响了对硼的吸收,易发生缺硼。

【诊断要点】　①根据发生症状的叶片的部位判断,缺硼症状多发生在上部叶。②叶脉间不出现黄化。③植株生长点附近的叶片萎缩、枯死,其症状与缺钙相类似。但缺钙叶脉间黄化,而缺硼叶脉间不黄化。

【防治措施】　土壤缺硼,可预先增施硼肥;要适时浇水,防止土壤干燥;多施腐熟的有机肥,提高土壤肥力。应急措施是用0.12%～0.25%硼砂或硼酸水溶液喷洒叶面。

(八)丝瓜缺铁症

【症　状】　幼叶呈浅黄色并变小,严重时白化。芽生长停止,叶缘坏死并完全失绿。

【发病原因】　磷肥施用过量,碱性土壤,土壤中铜、锰过量,土壤过干或过湿、温度低,均易发生缺铁。

【诊断要点】　①缺铁的症状是叶片出现黄化,叶缘正常,不停止生长发育。②调查土壤酸碱性。出现上述症状的植株根际土壤呈碱性,有可能是缺铁。③在干燥或多湿等条件下,根的功能下降,吸收铁的能力下降,会出现缺铁症状。④观察植株叶片是出现斑点状黄化还是全叶黄化,如果是全叶黄化则为缺铁症;如果是斑点状黄化或叶缘黄化,则可能是由其他生理病害所致。

【防治措施】　尽量少用碱性肥料,以防止土壤呈碱性,土壤pH值应在6～6.5范围;注意土壤水分管理,防止土壤过干、过湿。应急措施是用0.1%～0.5%硫酸亚铁水溶液或100毫克/千克柠檬酸铁水溶液喷洒叶面。

(九)丝瓜缺锰症

【症　状】　叶片变为黄绿色,生长受阻,小叶叶缘和叶脉间变为浅绿色后逐渐发展为黄绿色或黄色斑驳,而细叶脉网仍保持绿色,呈黄底绿网。

【发病原因】 碱性土壤容易缺锰。检测土壤 pH 值,如果出现症状的植株根际土壤呈碱性,则可能是缺锰。土壤有机质含量低容易缺锰。如果肥料一次性施用过量,土壤盐类浓度过高时,将影响对锰的吸收。

【防治措施】 增施有机肥;科学施用化肥,注意全面混合或分施,勿使肥料在土壤中形成高浓度。应急措施是用 0.2% 硫酸锰水溶液喷洒叶面。

(十)丝瓜缺铜症

【症 状】 丝瓜生长缓慢,叶片很小,幼叶易萎蔫;老叶出现白色花斑状失绿,逐渐变黄色;果实发育不正常,黄绿色的果皮上散布小凹陷色斑。

【发病原因】 碱性土壤易缺铜。

【诊断要点】 ①根据发生症状的叶片部位来判断,缺铜症状多发生在上位叶即幼叶。②检测土壤 pH 值,如出现上述症状的植株根际土壤呈酸性,则可能是缺铜。③观察是否出现"幼叶萎蔫"现象,若幼叶萎蔫则缺铜,否则应考虑其他原因。

【防治措施】 增施酸性肥料。应急措施是用 0.3% 硫酸铜水溶液进行叶面喷雾。

(十一)丝瓜氮过剩症

【症 状】 植株呈暗绿色,叶片特别丰满、茂盛,根系发育不良,开花晚。

【发病原因】 施用铵态氮肥过多,特别是遇到低温或把铵态氮肥施入到消毒的土壤中,由于硝化细菌或亚硝化细菌的活动受到抑制,铵在土壤中积累的时间过长,引起铵态氮过剩。易分解的有机肥施用量过大,也容易造成氮过剩。

　　【防治措施】　一是实行测土施肥,根据土壤养分含量和作物需要,对氮、磷、钾和其他微量元素实行合理搭配科学施用,尤其不可盲目地施用氮肥。在土壤有机质含量达到 2.5％以上的土壤中,应避免一次性每 667 平方米施用超过 5 000 千克的腐熟鸡粪。二是在土壤养分含量较高时,提倡以施用腐熟的农家肥为主,配合施用氮素化肥。三是如发现作物缺钾、缺镁症状,应首先分析原因,若因氮素过剩引起缺素症,应以解决氮过剩为主,配合施用所缺肥料。四是如发现氮素过剩,在地温高时可加大灌水缓解,喷施适量助壮素,延长光照时间,同时注意防治蚜虫、霜霉病等病虫害。

(十二)丝瓜锰过剩症

　　【症　状】　先从下部叶开始,叶的网状脉先变褐,然后主脉变褐,沿叶脉的两侧出现褐色斑点。叶柄和叶背有小紫色斑。

　　【发病原因】　土壤酸化或施锰肥过多。

　　【防治措施】　土壤中锰的溶解度随着 pH 值的降低而增高,应施用石灰质肥料以提高土壤 pH 值,从而降低锰的溶解度;在土壤消毒过程中,由于高温蒸气、药剂作用等使锰的溶解度加大,为防止锰过剩,在消毒前要施用石灰质肥料;注意田间排水,防止土壤过湿,避免土壤溶液处于还原状态。

(十三)丝瓜有花无瓜

　　【症　状】　植株长势过旺,叶片厚而大,茎秆粗壮,拔节长,基本上不开雌花不坐瓜,坐瓜率降低而影响丝瓜产量。

　　【发病原因】　丝瓜植株体内细胞分裂失调导致丝瓜有花无瓜。丝瓜枝叶藤蔓发育壮旺能增强分枝发权能力,雌、雄花才能均匀地开放。如果丝瓜植株在生长过程中藤蔓失调疯长,就会破坏丝瓜植株体的分枝能力,从而导致丝瓜植株只开雄花不开雌花。

　　【防治措施】　①控制夜温。如果夜温过高,丝瓜容易出现旺棵现象,可在下午晚些关闭通风口,早上及时通风以调整丝瓜温室内的温度。一般丝瓜正常生长的温度为上半夜 18℃～20℃,下半夜为 13℃～18℃,注意早上温室内的温度不要超过 15℃,同时也不要低于 10℃,这样可避免出现丝瓜旺棵现象。②喷洒营养液调控植株长势。叶面喷洒海藻素等以调节丝瓜的长势,使丝瓜的养分达到合理供应,使养分由主要供应植株生长适当转为供应果实的生长,这样可促进丝瓜多坐瓜。也可在丝瓜长到 3～9 片真叶时,对叶面喷洒助壮素或矮壮素或增瓜灵等,避免丝瓜出现过旺生长的情况,但在喷洒生长调节剂时要事先做好试验,避免因用药量过大而造成药害,可于晴天的下午喷洒。③少施氮肥。不可过量施用氮肥如磷酸二铵或高氮复合肥等,可多施用生物肥,并适当增施钾肥,以利于调整丝瓜的长势,促进丝瓜多坐瓜。

(十四)丝瓜尖头瓜

【症　状】　丝瓜上半部正常,近花部细小,这是"尖头瓜"的症状。

【发生原因】　①丝瓜单性结实弱且开花期雌花没有受精。因为单性结实弱的品种,一般较难独自发育成果实,而且由于雌花没有受精,果实中不能形成种子,缺少了促使营养物质向果实运输的原动力,造成果实尖端营养不良而形成尖嘴瓜。②植株生长早期,氮肥供应不足,使植株茎秆细而坚韧,果实也会产生尖嘴瓜。③植株生长势弱,特别是果实膨大后期如果肥水不足,使果实得不到正常的养分供应而产生尖嘴瓜。④尖嘴瓜的形成与使用防落素或 2,4-D 关系不大,因为这两种激素主要是起防止丝瓜落花落果的作用,但如果使用浓度过大或使用不均匀,也会发生尖嘴瓜。

【防治措施】　如果雄花量(包括花柄)足够,应采用人工授粉,1 朵雄花可为 2～3 朵雌花授粉。在丝瓜果实膨大后期,加强肥水管理,保证果实充足的矿质营养供应。

(十五)丝瓜裂果

【症　状】　丝瓜幼瓜、成瓜都会发生裂瓜现象,在瓜面上发生纵向、横向或斜向裂口,裂口深浅、宽窄不一。严重的裂口可深达瓜瓢,露出种子,裂口侧面木栓化;轻微开裂者仅为一条小裂缝。如幼瓜开裂后果实继续生长,裂口会逐渐加深、加大。

【发生原因】　长期干旱或过度控水,突然浇大水时,因果肉细胞吸水膨大,而果皮细胞已老化,不能与果肉细胞同步膨大,造成果皮膨裂;有时遭受某些机械伤害出现裂口,果实膨大过程中则以伤口为中心而开裂;开花时钙不足,花期缺钙,也会导致幼果开裂。

【防治措施】　避免土壤干旱或过湿,特别要注意防止在土壤长期干旱后突然浇大水;温室栽培丝瓜要避免温度过高或过低,生长期适温以保持在18℃～25℃为宜;农事操作时防止对幼瓜造成机械损伤;开花期用0.3%氯化钙水溶液喷洒叶面,预防植株缺钙。

(十六)丝瓜化瓜

【症　状】　丝瓜瓜条不伸长或伸长一段后即停止生长。

【发生原因】　定植缓苗后,未经过促根控秧而过早追肥浇水;温度偏高,特别是夜温高,昼夜温差小,日照不足,导致营养生长与生殖生长失调,营养生长占优势,幼瓜得不到充足的营养,故不膨大;定植密度过大,群体间通风透光不良;有机肥施用量少,氮肥又不足,植株长势弱,棚膜污染严重,透光性差,日光温室内光照不足;下部的瓜采收不及时,营养不能合理分配;低温季节昆虫少,雄花少,因授粉率低等原因,均会引起化瓜。

【防治措施】　根据前茬种植的作物种类、土壤状况等,合理安排施肥种类以及施肥量,并有针对性地补充铁、硼、锌等微量元素。在结瓜前期,瓜条达到商品成熟要求即应及时采收。人工授粉。

经常清扫棚膜,保持棚膜清洁。早揭晚盖草苫,延长丝瓜受光时间。

(十七)丝瓜瓜打顶

【症　状】　丝瓜生长点附近的节间缩短,形成雌、雄杂合的多花簇。龙头不生成心叶而呈现花抱头。

【发生原因】　温室内高温干旱,尤其是土壤干旱;肥料过多,水分不足;土壤潮湿,气温、地温偏低造成沤根;根系吸收能力弱;蚜虫为害;钾肥过多;施用生长抑制剂时期不当或浓度过大。

【防治措施】　中耕松土以提高地温,轻浇水追肥后,再松土提温;喷洒喷施宝,每毫升喷施宝对水 12 升。

(十八)丝瓜弯曲瓜

【症　状】　果实弯曲不直,商品性差。

【发生原因】　丝瓜受精不完全,仅子房一边的卵细胞受精,导致整个果实发育不平衡而形成弯曲瓜;丝瓜生长势弱,干物质产生少,果实间相互争夺养分造成部分瓜条营养不良,形成弯曲瓜;丝瓜生长期间环境条件发生剧烈变化,如连续阴天突然放晴,高温强光引起水分、养分供应不足而产生弯曲瓜;丝瓜在生长过程中,瓜条受到外物的阻挡不能伸直,以致产生畸形弯曲。

【防治措施】　①适期追肥灌水,适当降低种植密度,使叶片和果实得到充足的光照,提高叶片的同化功能;及时除掉影响丝瓜生长发育的外界物料,保证开花授粉时期的良好环境条件,可减少弯曲瓜的发生。②落蔓时,拽一下幼瓜可减少丝瓜弯瓜。其方法是:双手握紧瓜体拉直,然后用与瓜弯曲方向相反的力稍为一瓣,或者两手向不同方向稍微拧一下,弯曲厉害的可多瓣几下。拽瓜时要选择在下午高温时间进行,因为此时瓜条发软,韧性高,不容易拽断。③用浓度为 50～100 毫克/千克的 2,4-D 水溶液,在丝瓜开花前 3 天内涂抹或喷雾,以开花当天处理最好,可使丝瓜瓜条长直。

(十九)丝瓜杀菌剂药害

【症　状】　丝瓜叶片上出现明显的斑点或较大的枯斑,不同药剂所造成的药害症状差异较大。

【发生原因】　高温时期用药,药液中的水分迅速蒸发,药液浓度迅速提高,容易造成药害。用药浓度过大,或喷洒药液过多;蔬菜苗期耐药性差,如施用药液浓度过高等,也会造成药害。

【防治措施】　①严格按规定的浓度用药量配药。各种农药各有优缺点,两种以上农药如果混合恰当,可扬长避短,起到增效和兼治的作用,如果混合不当则降低药效或破坏药剂而产生药害。混用药品一般不超过 3 种。最好用河水配药,用硬水配制的乳剂或可湿性粉剂,容易引起药害,若土壤长期干燥,施药后易引起药害。如温室内有雾气、水滴,有利于药剂溶解和渗入,易引起药害。喷药时要细致、周到,雾滴要细小,避免局部药量过多。②适时用药,一般应避开花期、苗期等耐药力弱的时期喷药,同时避免在中午强光高温下用药,此时作物耐药力弱,易发生药害。③补救措施。幼苗药害轻时,可及时中耕松土,施入适量氮肥,及时灌水,以促进幼苗恢复生长。叶片、植株药害较重时,要及时灌水,增施磷、钾肥,中耕松土,促进根系发育,恢复和增强植株生长能力,还可喷施各种叶面肥。如喷错了农药,要立即喷洒清水淋洗。

(二十)丝瓜辛硫磷药害

【症　状】　丝瓜叶片的小叶脉不均一地失绿、变白,进而大部分或所有叶脉变白,形成白色网状脉,严重时整个叶片布满白斑。植株生长受到抑制,顶部幼叶扩展受阻,形成小叶,且叶片边缘褪绿、白化。有时,较小的、受害较轻的叶片皱缩畸形,卷须变白、缢缩。

【发生原因】 施用辛硫磷浓度过大,或两次喷药间隔时间过短。按我国农药毒性分级标准,辛硫磷属低毒性化学杀虫剂,杀虫谱广,具有触杀或胃毒杀作用,击倒力强,对防治黄条跳甲有特效,尤其用它做土壤处理,可以杀死地下部分幼虫,大量降低黄条跳甲的虫口密度。但丝瓜对辛硫磷很敏感,容易产生药害。

【防治措施】 在丝瓜等蔬菜作物上提倡施用替代药物甲基辛硫磷,甲基辛硫磷是辛硫磷的同系物,纯品为白色结晶体,对光、热均不稳定,不溶于水。按照我国农药毒性分级标准,甲基辛硫磷属低毒杀虫剂,与辛硫磷具有相似的作用、特点和防治对象,对害虫具有胃毒和触杀作用而无内吸性能,对多种害虫有良好的防治效果。甲基辛硫磷对人、畜的毒性约比辛硫磷低 4/5～5/6,因而在丝瓜上使用更加安全。甲基辛硫磷的制剂为 40%乳油,防治蚜虫、蓟马等害虫时可用甲基辛硫磷 1 000～1 500 倍液喷雾,防治小菜蛾、甜菜夜蛾可用甲基辛硫磷 800 倍液喷雾。

(二十一)丝瓜氨气中毒

【症　　状】 丝瓜花、幼叶、幼果等幼嫩组织先发生褐变,后变为白色,严重时萎蔫死亡。

【发生原因】 温室内未经腐熟的鸡粪、猪粪、马粪和饼肥等有机肥料在高温下发酵时,产生出大量氨气,越积越多;大量施用碳酸氢铵和撒施尿素,也会产生氨气,当温室内的氨气浓度达到 5～10 毫克/米^3 时,作物就会中毒。

温室内作物中氨气中毒易与高温热害相混,区别的方法是:在早上日出温室通风前,用 pH 试纸浸蘸温室内膜上的水滴,如呈蓝色的碱性反应,即为氨气中毒;如呈中性或红色的酸性反应,则为高温热害。

【防治措施】 一是施用腐熟人、畜粪尿,不施未腐熟的生肥。二是不施或少施碳酸氢铵,施用尿素时要用沟施或穴施,施后盖土埋严,不要撒施。三是在保证温室正常温度的情况下,开窗或卷起膜脚通风换气,以排除温室内过多的氨气。四是在植株叶片背面喷施1%食用醋,可以减轻和缓解危害。

(二十二)丝瓜亚硝酸气中毒

【症　状】　亚硝酸气体通过叶片气孔侵入叶肉组织,使叶绿体结构遭到破坏而褪色,出现灰白斑,如浓度过高时叶脉也变成白色;严重时导致植株死亡。

【发生原因】　日光温室内的亚硝酸气体主要来自施用过多的氮素化肥。特别是沙土和砂壤土如连续施入大量氮肥,土壤中的铵向亚硝酸转化虽能正常进行,但亚硝酸向硝酸转化则会受阻,因而使土壤中积累大量的亚硝酸,当温度升高时就变成气体散发在温室内,亚硝酸气浓度超过2～3毫克/米^{3}时,植物就会中毒。亚硝酸气中毒多发生在施肥后的1个月。用pH试纸浸蘸温室内膜上的水滴,若呈红色的酸性反应,即表明亚硝酸积累过多而引起中毒。

【防治措施】　合理施肥,尤其是施氮肥时要"少量多次",分次适量施入,并采用沟施或穴施的方式,施后与土壤拌匀并用土盖严,切忌重施多施和撒施,同时注意做好通风换气。如温室内亚硝酸气体过浓或土壤偏酸时,应在土壤中增施石灰,把pH值调节至6.5～7的范围内,这样可有效地防止亚硝酸气害。

(二十三)丝瓜蹦瓜

【症　状】　瓜条从瓜柄部位脱落,像成熟的大豆一样蹦掉。蹦瓜多发生在蘸花后2～3天,此时瓜柄还未弯脖下垂。

【发生原因】　蹦瓜与浇水施肥的时间、植株的长势、蘸花的方法均有直接关系。如果开花前浇水过晚,即在蘸花前1～2天浇水施肥,水肥供应过足会造成蹦瓜。坐瓜后浇水过早,即在蘸花后、瓜柄落下之前浇水促瓜,植株长势过旺,蘸花时将蘸花药蘸到瓜把上,均会发生蹦瓜。

【防治措施】 开花前提早浇水;在瓜坐住、瓜把落下之后再浇促瓜水,避免水肥供应充足造成蹦瓜。开花坐瓜前合理调控植株长势,避免植株长势过旺造成蹦瓜,若营养生长过旺,可用助壮素750倍液喷施加以控制。蘸花时注意不要把蘸花药蘸到瓜柄上,蘸到瓜条的2/3部分即可。幼瓜出现时都是朝上翘的,点花后就会慢慢向下垂。根据瓜柄形状留瓜,蘸花时从预留的2～3个瓜中选择瓜柄较长且稍弯的幼瓜,这样的瓜一般不会出现蹦瓜现象。

蹦瓜以后的补救措施:蹦瓜后重新留瓜,改3叶留1瓜为4叶留2瓜,这样不仅可弥补蹦瓜的损失,并且可以控制植株旺长。以后再留瓜、摘心时须改回3叶留1瓜的管理方法,以免影响茎蔓发育,引起植株衰退。

线辣椒优质高产栽培　　　　5.50元

根菜类蔬菜制种技术　　　　7.00元

根菜叶菜薯芋类蔬菜施
　肥技术　　　　　　　　　5.50元

萝卜马铃薯生姜保护地
　栽培　　　　　　　　　　7.00元

萝卜胡萝卜无公害高效
　栽培　　　　　　　　　　7.00元

萝卜胡萝卜病虫害及防
　治原色图册　　　　　　14.00元

萝卜标准化生产技术　　　　7.00元

萝卜高产栽培(第二次
　修订版)　　　　　　　　5.50元

提高萝卜商品性栽培技
　术问答　　　　　　　　10.00元

提高胡萝卜商品性栽培
　技术问答　　　　　　　　6.00元

生姜高产栽培(第二次修
　订版)　　　　　　　　　9.00元

山药无公害高效栽培　　　13.00元

山药栽培新技术(第2
　版)　　　　　　　　　　16.00元

怎样提高马铃薯种植效益　　8.00元

马铃薯高效栽培技术　　　　9.00元

提高马铃薯商品性栽培
　技术问答　　　　　　　11.00元

马铃薯稻田免耕稻草全
　程覆盖栽培技术　　　　　6.50元

马铃薯脱毒种薯生产与
　高产栽培　　　　　　　　8.00元

马铃薯病虫害防治　　　　　4.50元

马铃薯淀粉生产技术　　　10.00元

马铃薯食品加工技术　　　12.00元

魔芋栽培与加工利用新
　技术(第2版)　　　　　11.00元

荸荠高产栽培与利用　　　　7.00元

芦笋高产栽培　　　　　　　7.00元

芦笋无公害高效栽培　　　　7.00元

芦笋速生高产栽培技术　　11.00元

图说芦笋高效栽培关键
　技术　　　　　　　　　13.00元

笋用竹丰产培育技术　　　　7.00元

甜竹笋丰产栽培及加工
　利用　　　　　　　　　　6.50元

鱼腥草高产栽培与利用　　　8.00元

芽菜苗菜生产技术　　　　　7.50元

豆芽生产新技术(修订
　版)　　　　　　　　　　5.00元

袋生豆芽生产新技术(修
　订版)　　　　　　　　　8.00元

草莓良种引种指导　　　　10.50元

草莓标准化生产技术　　　11.00元

草莓优质高产新技术
　(第二次修订版)　　　　10.00元

草莓无公害高效栽培　　　　9.00元

草莓园艺工培训教材　　　10.00元

　　　以上图书由全国各地新华书店经销。凡向本社邮购图书或音像制品,可通过邮局汇款,在汇单"附言"栏填写所购书目,邮购图书均可享受9折优惠。购书30元(按打折后实款计算)以上的免收邮挂费,购书不足30元的按邮局资费标准收取3元挂号费,邮寄费由我社承担。邮购地址:北京市丰台区晓月中路29号,邮政编码:100072,联系人:金友,电话:(010)83210681、83210682、83219215、83219217(传真)。